W0013206

Maximilian Beck

Drohnen Guide

Basiswissen für den Kenntnisnachweis

Die vorliegende Publikation ist urheberrechtlich geschützt. Alle Rechte, auch das Übersetzen in andere Sprachen, vorbehalten. Kein Teil dieses Buches darf ohne ausdrückliche schriftliche Genehmigung des Herausgebers in irgendeiner Form reproduziert, gespeichert oder übermittelt werden. Dies gilt einschließlich Übernahme auf elektronische Datenträger wie CD-ROM usw. sowie Einspeicherung in elektronische Medien wie Internet usw. Nachdruck, auch einzelner Teile, ist verboten. Das Urheberrecht und sämtliche Rechte sind dem Herausgeber vorbehalten.

Bibliografische Information der Deutschen Nationalbibliothek:
Die Deutsche Nationalbibliothek verzeichnet diese Publikation in der Deutschen Nationalbibliografie; detaillierte bibliografische Daten sind im Internet über **http://dnb.dnb.de** abrufbar.

Herausgeber   © R. Eisenschmidt GmbH
E-Mail: **customer-support@eisenschmidt.aero**
Telefon: +49 6103 20696-0
Internet: **www.eisenschmidt.aero/drohnenflug**

Verlag   R. Eisenschmidt GmbH

Autor   Maximilian Beck

Abbildungen   Maximilian Beck
R. Eisenschmidt GmbH,
DFS Deutsche Flugsicherung GmbH,
shutterstock.com (Titelbilder),
Weitere (siehe Abbildungverzeichnis)

Gestaltung   R. Eisenschmidt GmbH

Druck   NINO Druck GmbH, Neustadt/Wstr.

ISBN: 978-3-87197-017-7
1. Auflage 2017, Printed in Germany Nov 2017

Inhaltsverzeichnis

Kapitel 5: Luftrecht III – Abgrenzung Modell zu UAS 63

Kapitel 6: Luftrecht IV – Erlaubnispflichten für eine zivile Drohne 69

Kapitel 7: Luftrecht V – Die Aufstiegserlaubnis für Drohnen in Niedersachsen 77

Kapitel 8: Luftrecht VI – Betriebsverbote gem. § 21b LuftVO............93

Abbildungsverzeichnis

Vorwort

Seitdem es flugfertige Multikopter gibt, ist der Modellflugsport nicht mehr derselbe. Die Hersteller von Almost-Ready-To-Fly-Systemen (ARF), bei denen lediglich die Propeller auf die Motoren montiert werden müssen, stecken eine Menge technisches Knowhow in die Geräte. Dies bewirkt, dass die Steuerung von unbemannten Fluggeräten – auch durch Unterstützung via GPS und Höhenmesser und dem Einsatz von Stabilisatoren – kinderleicht ist. Kein Wunder also, dass die Umsätze in diesem Bereich steigen und Drohnen unter dem Weihnachtsbaum oder als Geburtstagsgeschenk sehr beliebt sind.

Was viele Eltern oder Käufer der Multikopter jedoch nicht wissen: Es handelt sich um Luftfahrzeuge und bei jedem Aufstieg, der nicht Indoor stattfindet, gilt das Luftrecht. Hierbei ist bspw. die Höhe nicht entscheidend; auch ein Meter ist ein Aufstieg. Während aktuell die Politiker sowohl in Deutschland als auch auf EU-Ebene nach schnellen Lösungen suchen und weitere Gesetze entwerfen, gibt es bereits jetzt viele Regelungen, die auf die Multikopter Anwendung finden.

Mit diesem Buch haben Sie das richtige Handwerkszeug, um im Paragraphendschungel nicht den Überblick zu verlieren und zu wissen, was derzeit erlaubt ist und was nicht. Hierzu werden die betreffenden Regelungen der Luftverkehrsordnung, des Luftverkehrsgesetzes und anderer relevanter Normen genau erklärt und so aufgearbeitet, dass Sie das nötige Fachwissen erwerben. Technische Details werden nur am Rand erwähnt, da es hierzu hinreichend bestehende Literatur gibt.

Da der Vormarsch der Multikopter erst seit einigen Jahren rechtlich begleitet wird, hier die ersten wichtigen Ratschläge:

> Haben Sie immer ein offenes Auge und schauen auf den einschlägigen Seiten (Voris, Gesetze im Internet) nach Gesetzesänderungen. Auch wenn die Legislative langsam erscheint, ist sie in diesem Bereich sehr aktiv.

> Meiden Sie das teilweise völlig falsche Halbwissen der Internetforen. Hier haben viele Menschen „die Weisheit mit Löffeln gefressen". Einiges stimmt, aber das Meiste davon ist leider falsch.

> Fragen Sie im Zweifel immer Ihre örtlich zuständige (Landesluftfahrt-)Behörde!

Auch dieses Buch ist keine öffentliche Publikation des BMVI oder einer Luftfahrtbehörde, wodurch speziell bei den föderalen Unterschieden keine 100%ige Garantie auf Richtigkeit gegeben werden kann, aber wir sind nah dran. Fragen Sie im Zweifel immer Ihre örtlich zuständige Landesluftfahrtbehörde!

Doch bevor wir uns mit den Aufstiegserlaubnissen und den dafür erforderlichen Dokumenten am Beispiel des Bundeslandes Niedersachsen befassen, müssen wir einen Blick auf die Begrifflichkeiten werfen. Es werden teilweise Texte dargestellt, wie man sie in einem Forum finden könnte und im Anschluss relativiert bzw. richtiggestellt. So soll aufgezeigt werden, wie weit die rechtliche Realität von der „Internetwahrheit" entfernt ist. Auch werden Fragen gestellt, wie sie wohl täglich in den Behörden gefragt werden.

Diese „Zitate" werden so dargestellt.

In den Kapiteln werden Symbole zur leichteren Orientierung verwendet. Anhand folgender Legende finden Sie sich leicht zurecht:

Hier handelt es sich um einen Tipp oder eine wichtige Information.

An dieser Stelle ist Vorsicht geboten. Lesen Sie diese Stellen sehr genau, damit Sie keine Ordnungswidrigkeit begehen!

Ich freue mich sehr, Ihnen das neue Basiswissen mit diesem Buch präsentieren zu können. In dieser kompletten Neuauflage des Basiswissen 2016 kommen die in 2017 eingeführten Regelungen der Drohnen-Verordnung in vollem Umfang zur Geltung und werden umfangreich dargestellt.

Zum Ende eines jeden Kapitels werden Fragen zu den Inhalten gestellt. Um sich selbst zu testen, decken Sie die Antworten auf der rechten Seite z.B. mit einem Blatt Papier ab. Anschließend können Sie dann prüfen, ob Sie richtig lagen. Das Wissen können Sie ganz sicher für eine Kenntnisnachweis-Prüfung benötigen.

Ich wünsche Ihnen viel Spaß mit diesem Buch, welches Sie zu einem echten Drohnen-Experten machen wird.

Ihr

Drohne sagt man nicht! Doch!

Unbemanntes Fluggerät oder Luftfahrtsystem, Multikopter, UAS, , UAV, sUAS, RPAS, Quadro-, Hexa- und Octokopter oder auch Drohne: Die Vielfalt der Begriffe könnte kaum umfangreicher sein und doch meinen alle im Prinzip das Gleiche. Um mitsprechen zu können, bekommen Sie hier einen kurzen Überblick der Bedeutungen.

Abb. 1.1:   DJI Phantom im Einsatz

Ferngesteuerte Systeme können sowohl als Bodenfahrzeuge, Wasserfahrzeuge oder Luftfahrzeuge vorkommen und sind im weiteren Sinne als Drohne angesehen.[1] In diesem Buch werden nur fliegende Systeme Gegenstand sein.

Der Begriff der Drohne kommt ursprünglich aus dem Bereich der Biologie und bezeichnet das Bienenmännchen. Andere Quellen leiten den Begriff von frühen Zielübungsdrohnen des Militärs ab. Diese hatten den königlichen Namen „Queen Bee"[2].

Im Volksmund werden unbemannte Fluggeräte unterschiedlicher Hersteller wie etwa DJI, Yuneec oder Parrot als Drohnen bezeichnet. Die Popularität dieses Begriffs mag unter anderem daran liegen, dass in den USA der Begriff „drone" ein Universalbegriff für unbemannte Fluggeräte darstellt.[3] Dieser Begriff ist nicht unbedingt falsch, aber durch die unbemannten, militärischen Fluggeräte der Vereinigten Staaten von Amerika negativ behaftet.[4]

Deutschland besitzt militärisch derzeit nur Aufklärungsdrohnen, dafür im Zivilbereich eine stetig wachsende Zahl von kleinen Fluggeräten zur Freizeitgestaltung oder kommerziellen Nutzung.[5] Sprechen wir von Drohnen, so weiß wohl trotzdem ein Großteil unserer Mitmenschen worum es geht.

„Drohne sagt man nicht!"

Benutzt man diesen Begriff aber bei „professionellen" Anwendern der Szene, erntet man -unbegründet- wenig Zuspruch. Im fachlichen Gespräch sollte man es also vermeiden, von Drohnen zu sprechen, wenn auch im Privatgebrauch der Begriff durchaus legitim ist. In diesem Buch wird bewusst der Begriff zivile Drohne (manchmal auch nur Drohne, gemeint ist immer eine zivil genutzte!) oder unbemanntes Fluggerät verwendet, da es nicht nur Multikopter, sondern auch Zeppeline, Flugzeuge und Hubschrauber gibt (hierzu später mehr).

Komponenten[6]

Wesentliche Komponenten einer Drohne sind das Fluggerät, die Bodenstation, der Steuer- und Datenlink (Kommunikationskomponente) und der Akku.

Das Fluggerät

Das Fluggerät besteht aus der Zelle bzw. Rahmen, auch Airframe genannt. Dieser kann aus Plastik, Carbon oder anderen Stoffen gefertigt sein. Auf der Zelle wird u.a. die Elektronik (Steuerung, Servos usw.) befestigt, welche man im fliegerischen Zusammenhang auch Avionik nennt. Zur Avionik gehören z. B. das GPS, die Lagemesser und der Computer/Prozessor sowie alle Unterstützungssysteme zur besseren und leichteren Steuerung der Drohne. Wesentlicher Teil des Fluggerätes ist der Antrieb (auch Propulsion genannt). Die populärsten Antriebe sind für Konsumentendrohnen elektrisch (auf Akku- oder auch selten auf Wasserstoffbasis), im Bereich des Modellfluges oder bei großen Drohnen kommen auch Verbrennungsmotoren vor. Die Zelle kann neben dem Antrieb und der Avionik je nach Drohne noch weitere Nutzlasten (Payloads) transportieren.

Die Bodenstation

Die Bodenstation oder auch Fernbedienung ist das zentrale Steuerelement für das Fluggerät und wird auch gem. § 1 Abs. 2 Satz 3 LuftVG als Teil des Gesamtsystems gesehen. Die Steuerung erfolgt in der Regel über zwei Pins, die die Befehle Nicken, Rollen, Gieren usw. an das Gerät geben. Hierbei ist die Bodenstation der Sender (Transmitter) und die Drohne der Empfänger (Receiver). Bei sehr teuren Systemen kann die Bodenstation auch aus einem oder mehreren PCs oder Laptops bestehen. Bei manchen Drohnen kann die Steuerung auch direkt via Smartphone (bspw. über WLAN) erfolgen.

Die Kommunikationskomponente

Die Kommunikationskomponente besteht aus zwei Teilen: Dem Steuerungslink und dem Datenlink. Im Gegensatz zu sehr einfachen Fluggeräten, wo nur einseitig Steuersignale „nach oben" gesendet werden, erfolgt die Kommunikation bei Geräten wie der DJI Phantom oder dem Yuneec Typhoon H bilateral (in beide Richtungen). Hier werden telemetrische Daten oder auch Bildmaterial von der Drohne zur Bodenstation gesendet. Die telemetrischen Daten können neben der Höhe, der Entfernung oder der Geschwindigkeit auch der Akkuladezustand oder die Sendeleistung sein. Ein Verlust des Datenlinks stellt bei Betrieb in Sichtweite kein erhebliches Sicherheitsrisiko dar. Bricht jedoch der Steuerlink ab (Loss of Link), so gerät die Drohne vermutlich außer Kontrolle: es droht ein Absturz oder ein Flyaway.

Der Akku

Der Akku ist der Energielieferant für Ihre Drohne (sofern elektrisch bestrieben). Zu großen Teilen werden Lithium-Polymer-Akkus (LiPo) verwendet, welche sehr sensibel zu behandeln sind, da sie mechanisch, elektrisch und thermisch empfindlich sehr empfindlich sind. Besonders in Bezug auf die Betriebstemperaturen (zwischen 0°C und 30°C) sollte man aufpassen, dass es keine Unter- oder Überschreitung der vorgegebenen Werte gibt, da mit einem Leistungsabfall zu rechnen ist. Aufgeblähte Akkus sind ein Zeichen für einen schweren Defekt und sollten sofort sachgerecht entsorgt werden! Die Nennspannung der Akkus sollte bei 3,7 V pro Zelle liegen und eine Entladung auf 3,5 V pro Zelle erfolgen, wenn eine längere Ruhephase ansteht. Die maximale Differenz zwischen Nennspannung und Entladestrom nennt sich C-Rate (sollte bei 1 C liegen). Die Entladekurve fällt bei LiPo-Akkus besonders bei Kälte steil ab.

Achten Sie auf eine feuerfeste Lagerung, da LiPo-Akkus bei falscher Lagerung entflammen können. Auch sollten die Akkus niemals ohne Aufsicht geladen werden. Sollte es dennoch zu einem Brand kommen, sollten Sie diesen mit einer Brandschutzdecke oder Sand löschen.

Drohnenarten: Multikopter

Die meisten unbemannten Fluggeräte werden heute als Foto- und Videokopter verkauft[7], man nennt diese als Oberbegriff auch Multikopter. Der Begriff leitet sich von der Antriebsart ab. Multikopter gehören wie Hubschrauber zur Familie der Drehflügler und können senkrecht starten (auch VTOL genannt: Vertical Take-Off and Landing). Im Gegensatz zu einem ferngesteuerten Hubschrauber, hat ein Multikopter mehrere Motoren mit Propellern, die das Gerät in die Luft befördern. Stabilisiert wird ein Multikopter unter anderem durch die PID-Regelung (proportional integral derivative). Hierbei ist entscheidend, dass diese richtig eingestellt werden, da ansonsten das Fluggerät entweder viel zu träge oder überempfindlich reagiert. Die jeweilige Anzahl der Antriebe bringt neue Namen mit sich, abgeleitet aus dem Lateinischen. Bei vier Antrieben handelt es sich bspw. um Quadrokopter (oder auch Quadkopter), bei sechs Antrieben um Hexakopter und bei acht Antrieben um Octokopter.

Eine logische Auflistung ergibt sich:

> 2 Rotoren = Duokopter/ Bikopter
> 3 Rotoren = Trikopter
> 4 Rotoren = Quadrokopter
> 6 Rotoren = Hexakopter
> 8 Rotoren = Oktokopter

Auf den Abbildungen der folgenden Seiten ist ersichtlich, wie die jeweiligen Motoren angeordnet sein können und wie diese gegenläufig (Ausgleich des Drehmomentes) agieren um für den nötigen Auftrieb zu sorgen. Weitere Arten ziviler Drohnen werden auch erwähnt (diese stellen aber in Summe eine echte Minderheit dar).

Generell gelten folgende aerodynamische Grundlagen für Multikoptersysteme:

> Bei Erhöhung der Drehzahl aller Motoren steigt ein Multikopter und bei einer Verringerung der Drehzahl sinkt er.

> Die Veränderung einzelner Motoren(paare) führt zu Bewegungen um die eigene Achse oder in eine bestimmte Richtung.

Im Kapitel Steuerungsgrundlagen bekommen Sie hierzu ergänzende Informationen.

Bikopter / Duokopter

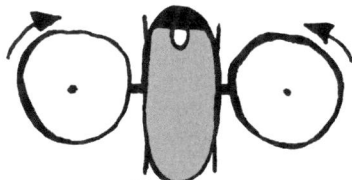

Zweimotorige Fluggeräte mit einem beispielhaften Aufbau. Diese sind eher eine Seltenheit, auch bedingt durch das instabile Flugverhalten. Die gängigsten Modelle beginnen ab dem Trikopter aufwärts.

Abb. 1.2:   Bikopter

Trikopter

Abb. 1.3:   Trikopter

Fluggeräte mit beispielhaftem Aufbau (Y3). In der Regel ist der Aufbau in Form eines Y, wobei das Heck nur einen Antrieb hat. Diese Geräte sind auch eher selten gesehen.

Wie die Abbildung zeigt, können auch „unten" weitere Rotoren verbaut werden, sodass es sich dann um einen Quadro- (Y4) oder Hexakopter handelt (Y6).

Quadrokopter

Abb. 1.4:   Quadrokopter

Viermotorige Fluggeräte mit beispielhaftem Aufbau (Quad X). Beim Aufbau Quad+ ist ein Antrieb vorne und einer im Heck, sowie an den Seiten. Der Aufbau ähnelt einem Pluszeichen. Dieser Aufbau ist eher selten, denn die meisten Geräte, wie bspw. der DJI Phantom, sind von Aufbau her ein Quad X. Hier sind zwei Antriebe vorne und zwei am Heck, sodass der Aufbau in der Draufsicht einem X ähnelt.

Auch hier können Antriebe ergänzt bzw. verdoppelt werden, sodass man am Ende einen Octokopter hat. Dieser Aufbau ist aber auch eher selten.

Quadrokopter sind die wohl beliebteste Art am Markt der Multikopter. Viele gängige Systeme, wie die DJI Phantom, Mavic und Inspire, Yuneec Q 500, Parrot Bebop sind viermotorige Multikopter.

Hexakopter

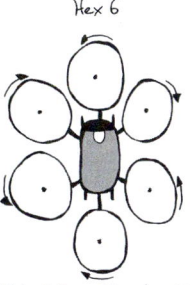

Sechsmotorige Fluggeräte mit beispielhaftem Aufbau (Hex6). Analog zum Aufbau von Quadrokoptern gibt es auch hier eine Version „+" und eine Version X.

Abb. 1.5: Hexakopter

Ein Merkmal eines Hexakopters ist seine Redundanz: Bei einem ausfallenden Antrieb kann das Gerät i.d.R. noch sicher gelandet werden.

Doch lassen Sie sich nicht einreden, dass eine Notlandung ein Kinderspiel ist. Fällt ein Motor aus, ist der Hexakopter nur sehr schwer zu steuern. Trotzdem ist ein Multikopter mit sechs oder mehr Antrieben sicherer einzustufen als ein Bi-, Tri- oder Quadrokopter.

Octokopter

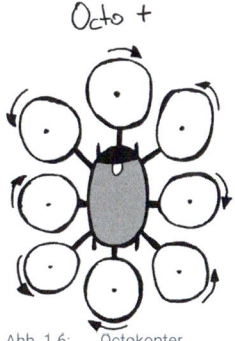

Achtmotorige Fluggeräte mit beispielhaftem Aufbau (Octo+). Analog zum Aufbau von Quadrokoptern gibt es auch hier eine Version „+" und eine Version „X".

Abb. 1.6: Octokopter

Ein Merkmal ist ebenfalls wie beim Hexakopter die Redundanz. Bei einem ausfallenden Antrieb kann das Gerät i.d.R. noch sicher gelandet werden.

Durch acht Antriebe ist der Octokopter in Bezug auf die Fluglage und die Ausfallwahrscheinlichkeit am sichersten einzustufen. Im Gegenzug ist ein solches Gerät weitaus schwerer als Multikopter mit weniger Antrieben.

Drohnenarten: Hubschrauber

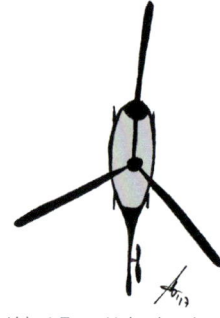

Modellhubschrauber waren bereits vor der Erfindung von Multikoptern beliebte Flugmodelle. Der Aufbau ist wie bei den großen Vorbildern mit einem Hauptrotor, der für Auftrieb und in Schräglage für Vortrieb sorgt und einem Seitenrotor am Heck, der den Helikopter um die Hochachse stabilisiert und drehen lässt.[8]

Früher hätte man solche Geräte zu Flugmodellen gezählt. Wird aber ein am Modellhubschrauber installiertes Kamerasystem für kommerzielle Luftbilder genutzt, handelt es sich um ein unbemanntes Luftfahrtsystem (hierzu später mehr).

Abb. 1.7:   Hubschrauber

Auch an einem Modellhubschrauber können Lasten angebracht werden, so auch Kamerasysteme oder andere Payloads.

Drohnenarten: Zeppeline

Einen eher seltenen Drohnentyp stellen Luftschiffe dar. Geräte wie der Blimp-Zeppelin wiegen knapp unter 25 kg, mit Helium gefüllt sind sie aber „leichter als Luft".

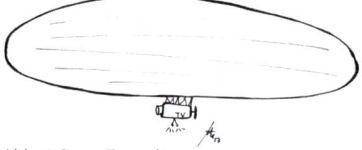

Abb. 1.8:   Zeppelin

Ein Vorteil dieser Geräte ist der besonders ruhige Flug und eine lange Einsatzdauer. Dafür muss regelmäßig Helium nachgefüllt werden, was den Betrieb alles andere als günstig macht.

Drohnenarten: Flugzeuge

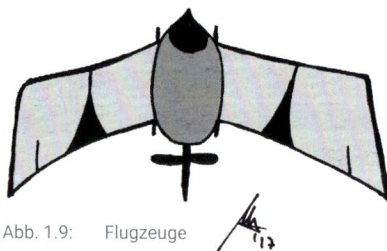

Eine weitere Form unbemannter Fluggeräte stellen Flugzeuge dar, die entweder gleiten oder per Antrieb in der Luft gehalten werden. Es handelt sich hierbei um Starrflügler: die Tragflächen stehen fest und erzeugen durch Anstellwinkel und Vortrieb den Auftrieb. Ein Beispiel ist der Parrot Disko.[9]

Abb. 1.9:   Flugzeuge

Im Bereich Vermessung kommen vermehrt flugzeugähnliche Drohnen zum Einsatz, da diese erheblich größere Reichweite haben. So kann bei günstiger Thermik eine flugzeugähnliche Drohne mit wenig Energieverbrauch kilometerweite Gleitflüge absolvieren; ein Multikopter benötigt hierfür eine konstante Energiezuführung.

Drohnenarten: „Zwittersysteme" Kippflügler

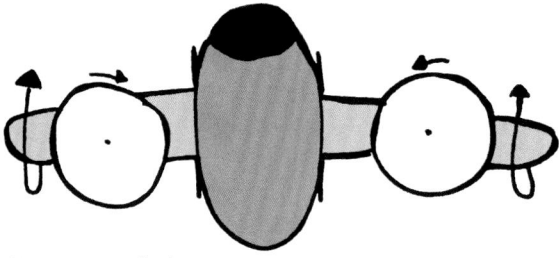

Abb. 1.10:   Kippflügler

Ähnlich verhält es sich bei Zwittern wie der Tilt-Wing-Drohne, der wie ein Multikopter) senkrecht starten kann. Wenn der Kopter eine bestimmte Höhe erreicht hat, „kippen die Flügel um 90°, sodass die Antriebe horizontal sind und das Gerät wie ein Flugzeug (Starrflügler) fliegt. Daher gleicht diese Drohne in der Start- und Landesequenz einem Multikopter, im Flugbetrieb einem Flugzeug und nutzt die jeweiligen Vorteile: Platzsparende Starts und Landungen und hocheffiziente Flugeigenschaften.[10]

Drohnenarten: Andere Drohnen

Weitere Bauarten wirken derzeit sehr exotisch. Seien wir gespannt, welche Designs und Formen, sei es futuristisch oder von der Natur inspiriert, uns in den kommenden Jahren über den Weg fliegen werden.

Frage 1: Ein Hexakopter verfügt über ...

- (A) 2 Antriebe ○
- (B) 4 Antriebe ○
- (C) 6 Antriebe ●
- (D) 8 Antriebe ○

Frage 2: Hexakopter und Octokopter gelten als ausfallsicher, weil ...

- (A) sie weniger Gewicht als andere Kopter haben. ○
- (B) sie einen Fallschirm haben. ○
- (C) bei Ausfall eines Motors der Kopter weiterhin steuerbar ist. ●
- (D) der Kopter leichter gesteuert werden kann. ○

Frage 3: In Bezug auf Energieverbrauch sind Multikopter ...

- (A) effizienter als Flugzeuge. ○
- (B) sparsam, da sie die Thermik nutzen und so lange schweben können. ○
- (C) wenig effizient, da konstant Leistung zugeführt werden muss. ●
- (D) gleichzusetzen mit anderen Drohnenarten. ○

Frage 4: Die Zuständigkeit Deutschlands bezieht sich auf Drohnen bis ...

- (A) 5 kg ○
- (B) 10 kg ○
- (C) 25 ○
- (D) 150 kg ●

Frage 5: Ein Bikopter ist eine sehr beliebte Multikopterart.

- (A) richtig ○
- (B) falsch ●

Frage 6: Ein „Tilt-Wing" ist eine Mischung aus ...

- (A) Flugzeug und Multikopter ●
- (B) Quadro- und Octokopter ○
- (C) Zeppelin und Hubschrauber ○
- (D) keine der genannten Antworten ○

Frage 7: Die Übersetzung des Begriffes „Drohne" ist ein Universalbegriff für alle Arten von unbemannten Fluggeräten in ...

- (A) Russland ○
- (B) USA ●
- (C) China ○
- (D) Israel ○

Frage 8: Der Aufbau eines Quadrokopters ist normalerweise in Form eines + oder eines ...

    (A) X ◉

    (B) O ○

    (C) % ○

    (D) keine der Antworten ○

Frage 9: Ein Zeppelin hat mindestens einen Vorteil, denn er ...

    (A) ist sehr wendig. ○

    (B) hat lange Einsatzzeiten. ◉

    (C) ist erlaubnisfrei. ○

    (D) kann günstig betrieben werden. ○

Frage 10: Die Elektronik und die Motoren werden auf dem ... platziert.

    (A) Payload ○

    (B) Airframe ◉

    (C) Avionik ○

    (D) Datenlink ○

Frage 11: Welche Komponente gehört nicht zu dem Fluggerät.

    (A) Bodenstation ◉

    (B) Zelle bzw. Rahmen ○

    (C) Avionik ○

    (D) Antrieb ○

Frage 12: richtig oder falsch? Ein aufgeblähter Akku ist ein Zeichen für einen Defekt.

    (A) richtig ◉

    (B) falsch ○

Kapitel 2: Klassifizierungen, Generelles und Begrifflichkeiten von und mit Drohnen

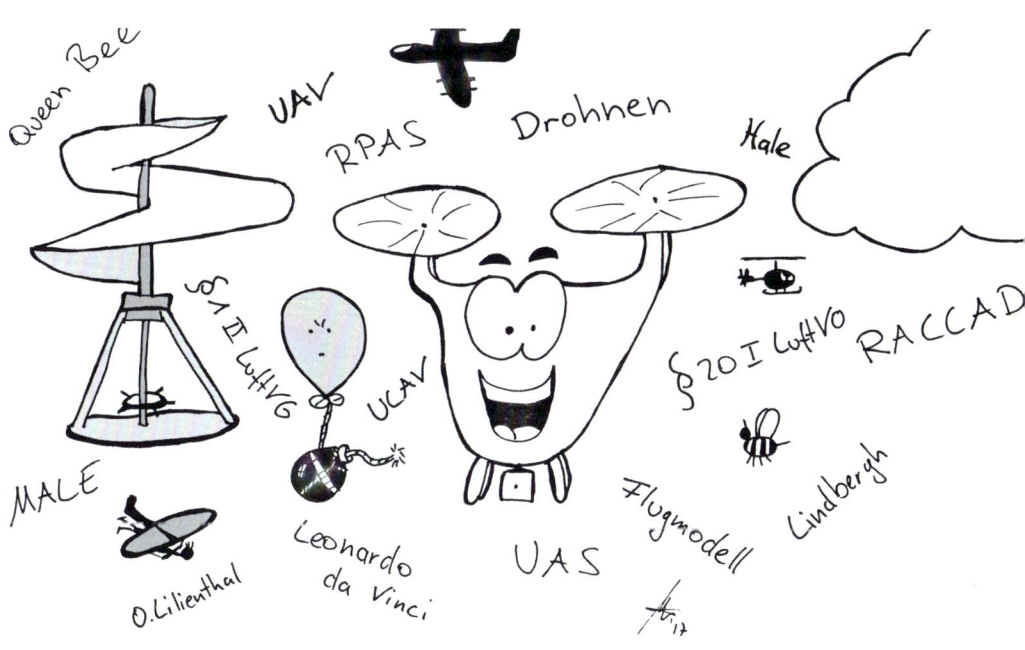

Drohnenkategorien

Nachdem wir uns einen groben Überblick über die Begrifflichkeiten gemacht haben, sollten wir eine Stufe tiefer gehen und diese genauer betrachten. Denn international ist man sich auch nicht über den wirklich korrekten Begriff einig. So wird von der internationalen Zivilluftfahrtorganisation ICAO der Begriff RPAS (Remotely Piloted Aerial System) bevorzugt[11], im militärisch Kontext eher der Begriff des unbemannten Luftfahrtsystems (UAS), mit folgenden Unterkategorien:[12]

Zivile und militärische Kategorien:

> **Nano:** Drohnen dieser Unterklasse der MAV (Micro Air Vehicle) haben ein Gewicht von weniger als 0,01 kg, eine Reichweite von über einem Kilometer und können bis zu 20 Minuten Flugzeit erreichen. Die Vorteile dieser kleinen Geräte sind u. a. der minimale Schaden bei Havarie oder Kollision, gute Tarneigenschaften durch kleine Maße und leiser Betrieb, sowie der Möglichkeit, auch innerhalb von Gebäuden auf engstem Raum operieren zu können.[13]

> **Micro oder MAV:** Eine Drohne dieser Kategorie hat in der Regel weniger als 5 kg und eine Reichweite von bis zu 10 km. Erreicht wird eine Flughöhe bis zu 250 m AGL, zudem kann das Gerät bis zu einer Stunde in der Luft betrieben werden. Diese Geräte finden sich oft im zivilen Bereich wieder und sind durch das geringe Gewicht für militärische Zwecke eher ungeeignet. Die später erwähnte DJI Phantom 4 zählt bspw. zu dieser Kategorie.[14]

> **Mini oder MUAV:** Diese Geräte befinden sich im Bereich zwischen 20-150 kg, schließen aber ebenfalls auch die Lücke zu den MAV. Die Reichweite beträgt bis zu 10 km, die Flughöhe bis 300 m AGL und die Einsatzzeit bis zu 2 Stunden.

Zivile Drohnen finden sich fast ausschließlich in der Kategorie der Micro- und Mini UAV wieder (auch sUAS genannt). Da diese drei Kategorien mit Blick auf Reichweite und Gewicht schwer vergleichbar mit rein militärischen Drohnen sind, wäre nach einer Studie der Begriff Unmanned Aerial Device (UAD) vermutlich passend, setzte sich aber international bisher nicht durch. Der deutsche Oberbegriff unbemanntes Fluggerät weist aber starke Ähnlichkeiten auf.

Rein Militärische Kategorien

> **TUAV:** Taktische Systeme agieren mit einem Gewicht von 20,00 - 1.000,00 kg in einer Höhe von 1.000 - 5.000 m über Grund und können bis zu 6 Stunden in der Luft bleiben. Taktische Geräte befinden sich von der Leistung zwischen MALE und MUAV.

Der Einsatzzweck dient vorwiegend der Aufklärung für Bodentruppen durch schnelle Übertragung relevanter Daten.[15]

> **MALE:** Bei Geräten dieser Klasse handelt es sich um Gewichtsklassen von 1,0 - 1,5 Tonnen mit einer Reichweite von über 500 km in bis zu 3.000 m Höhe. Diese Drohnen können bis zu   48 Stunden im Einsatz sein und werden ausschließlich vom Militär genutzt. Hierzu zählen u. a. die Predator (A) und Eagle. Die Geräte dienen ebenfalls der Aufklärung, speziell die Predator wurde aber auch schon für Kampfzwecke als UCAV genutzt.[16]

> **HALE:** Ebenfalls nur vom Militär in Gebrauch sind diese 2,5 bis 5,0 Tonnen schweren Fluggeräte mit einer Reichweite von bis zu 2.000 km. Die Drohnen operieren in einer Höhe von bis zu 20.000 m AGL und können wie die MALE bis zu 48 Stunden ohne Pause in der Luft sein. Bedingt durch die große Höhe sind die HALE-Drohnen schwer abzuwehren und können sogar Satelliten ersetzen. Zu dieser Klasse zählt man die bekannten Modelle Predator (B) und Global Hawk.[17]

> **UCAV:** Verschiedenste Klassen von Drohnen können mit Waffen ausgestattet werden und gelten dann als UCAV. Wegen der Operationshöhe werden meist MALE- und HALE-Systeme als UCAV verwendet.[18]

Steuerer

Man nennt denjenigen, der die Bodenstation bedient, Steuerer.[19] Das mag trivial erscheinen, aber bspw. wären auch die Begriffe Pilot oder Bediener möglich. Während Pilot die Qualitäten des Steuerers vermutlich überschätzt, wirkt Bediener auch nicht passend. Weitere, eher selten gebräuchliche Begriffe sind Starter und Luftfahrzeugfernführer als Oberbegriffe.[20] Merken Sie sich für den Moment nur den Steuerer.

Luftraumbeobachter: Sicherheitspilot und Spotter

Bei autonom betriebenen Systemen behält ein Sicherheitspilot dauerhaften Sichtkontakt und kann bei Problemen oder Störungen sofort eingreifen; nur so ist ein autonomer Betrieb gegenwärtig erlaubt.[21] Der Sicherheitspilot ist also bis zum Eingriff lediglich ein Luftraumbeobachter und fungiert ab Eingriff als Steuerer.

Ähnlich verhält es sich mit dem so genannten Spotter. Dieser Luftraumbeobachter wird hauptsächlich beim First-Person-View-Betrieb eingesetzt.[22] Der Steuerer hat mittels FPV-Brille oder Display nur das Bild der Kamera aus Sicht des Gerätes und folglich keine Sicht darauf.[23] Eine zweite Person fungiert als Luftraumbeobachter, bzw. Spotter und warnt den Steuerer bei Problemen oder kann über eine zweite Fernbedienung die Kontrolle der Drohne übernehmen.[24]

Weisen Sie als Steuerer den Spotter und andere Helfer so früh wie möglich in die einschlägigen luftrechtlichen Normen, den Ablauf, wichtige Informationen und möglichen Gefahrenquellen ein. Nutzen Sie hierzu besonders das Kapitel „Checklisten".

Im Gegensatz zum Steuerer müssen Helfer und Spotter über keinen Kenntnisnachweis oder bestimmte Qualifikationen verfügen. Auch ein Mindestalter ist nicht vorgesehen.

Legislative und Zuständigkeiten: Europa und Deutschland

Da der Luftverkehr regelmäßig über Landesgrenzen hinaus geht und damit internationalen Charakter hat, existieren Organisationen wie ICAO, welche internationale Standards des Luftverkehrs definieren und damit eine Vereinheitlichung des Luftverkehrsrechts erreichen wollen.[25] Die ICAO ist das Ergebnis des 1944 geschlossenen Abkommens von Chicago (CA) und hat aktuell 191 Mitgliedsstaaten.[26] Aus dem CA wurden internationale Regeln festgelegt, die auch bereits 1944 u. a. für unbemannte Luftfahrtzeuge formuliert worden sind:[27] „Luftfahrzeuge, die unbemannt geflogen werden können, dürfen das Hoheitsgebiet eines Vertragsstaats ohne Führer nur mit besonderer Ermächtigung dieses Staates und nur in Übereinstimmung mit den Bedingungen dieser Ermächtigung überfliegen. Jeder Vertragsstaat verpflichtet sich dafür zu sorgen, dass Flüge solcher unbemannten Luftfahrzeuge in für Zivilluftfahrzeuge offen stehenden Gebieten so überwacht werden, dass eine Gefahr für Zivilluftfahrzeuge vermieden wird."[28]

Die Regelung von zivilen Drohnen erfolgt in Europa auf verschiedenen Ebenen und durch unterschiedliche Organisationen. Übergeordnet wird durch standardisierte Luftverkehrsregeln (Standardised European Rules of the Air, kurz SERA) eine Harmonisierung der Luftverkehrsregeln im europäischen Luftraum verfolgt. Die Erarbeitung europäischer Lösungen erfolgt u. a. unter Mitarbeit ...

> „der Europäischen Agentur für Flugsicherheit (EASA);
> der nationalen Zivilluftfahrtbehörden;
> der Europäischen Organisation für Zivilluftfahrt-Ausrüstung (EUROCAE);
> EUROCONTROL;
> der Gemeinsamen Regulierungsbehörden für unbemannte Fluggeräte (Joint Authorities for Rulemaking on Unmanned Systems — JARUS)."[29]

Derzeit regelt jeder Mitgliedsstaat der EASA den Betrieb unbemannter Fluggeräte unter 150 kg auf nationaler Ebene.[30] In Deutschland erfolgt dies auf Grund von Art. 73 Abs. 1 Nr. 6 GG weitestgehend mit dem Luftverkehrsgesetz (LuftVG) als zentraler Rechtsquelle und der gem. § 32 LuftVG erlassenen Luftverkehrsordnung (LuftVO).[31] Gesetz- bzw. Verordnungsgeber und oberste deutsche Luftfahrtbehörde ist das Bundesministerium für Verkehr und digitale Infrastruktur (BMVI). Dem BMVI direkt nachgeordnete Luftfahrtbehörde ist das Luftfahrtbundesamt. Die Umsetzung der LuftVO und des LuftVG im Bereich unbemannter Fluggeräte erfolgt föderal durch die Luftfahrtbehörden des jeweiligen Bundeslandes.

Für ein einheitliches Gesamtbild werden von den Bundesländern und dem Bund Gemeinsame Grundsätze erlassen und in den „Nachrichten für Luftfahrern" (NfL) veröffentlicht.[32]

Die Gemeinsamen Grundsätze geben einen verwaltungsinternen Handlungsrahmen vor, haben aber keine normative Außenwirkung wie etwa die LuftVO oder das LuftVG.[33] Das bedeutet, dass ein „Verstoß" gegen Regeln der Gemeinsamen Grundsätze nicht zwangsläufig auch von einer Landesluftfahrtbehörde sanktioniert werden kann. Sofern in einer Erlaubnis jedoch eine gleichlautende Nebenbestimmung verfügt wird, ist diese zu beachten und eine Nichtbeachtung sanktionierbar.

Geschichte ziviler Multikopter

Die handelsüblichen Multikopter vom „weltweit größten Hersteller DJI"[34] werden als flugfertige,[35] bzw. Almost-Ready-To-Fly[36] Geräte verkauft, sind „Out-Of-The-Box" einsatzbereit und sehr leicht zu fliegen.[37] Diese Art der Geräte ist bei DJI mit dem Phantom 1 seit dem Release vom 15.01.2013 erhältlich und revolutioniert seitdem den Markt. Es konnte damit ein großer Personenkreis mit Multikoptern fliegen;[38] bis dahin mussten Geräte weitestgehend selbst gebaut und aufwendig konfiguriert werden.[39] Seit der Startzeit flugfertiger Multikopter-Systeme werden per Gimbal (dt: kardanische Aufhängung; mechanischer Bildstabilisator) Kamerasysteme befestigt.[40] Die Kamerasysteme wiederum senden das Bildmaterial via Datenlink auf das Display oder die Videobrille des Steuerers.[41] Vorzugsweise wurden damals Actionscams oder ähnliche Actioncams benutzt, da diese sehr robust sind und zeitgleich hochauflösende Bilder erstellen können.[42]

Mit der zweiten Generation der Phantom Serie, genauer der Phantom 2 Vision und Vision+, verbaute die Firma DJI erstmals eigene Kameras an den Systemen, sodass Luftbilder ohne zusätzliches Equipment erstellt werden können.[43] Neuere Modelle vom DJI Phantom werden nur noch als Komplettpaket angeboten. Auch andere Hersteller, wie bspw. Yuneec oder Parrot brachten ähnliche Produkte auf den Markt, wobei Parrot sich eher auf den Freizeitbereich konzentriert[44] und Yuneec den von DJI dominierten Markt (semi-)professioneller Multikopter für seine Geräte Typhoon 4K und Typhoon H beanspruchen möchte.[45] Die Drohnen der französischen Firma Parrot lassen sich größtenteils mit dem Smartphone oder Tablet via WLAN steuern und haben speziell in der Kategorie „Minidrones" einfache Kamerasysteme mit niedrigen Auflösungen.

Die Parrot-Drohnen haben wenig Eigengewicht und befinden sich in der Klasse unter einem Kilo maximaler Abflugmasse, auch MTOW genannt (engl. Maximum Take-off Weight).[46] Die gebräuchlichen Modelle der Firmen Yuneec und DJI, der Yuneec Q500 4K und der DJI Phantom 4 pro haben ein Gewicht von weniger als 1,5 kg, der DJI Inspire 1 knappe 3 kg.[47] Hexakopter und Oktokopter überschreiten mit Payload (Nutzlast) regelmäßig die 5 kg Grenze und können am Beispiel des DJI S1000 mit Kamera auch gemäß technischem Datenblatt mit bis zu 11 kg MTOW starten.[48] Die Systeme S 900 und S 1000 werden der Profiklasse zugeordnet und vertragen mehr Payload, was den Einsatz von Spiegelreflexkameras oder besonderen Sensoriken ermöglicht.[49]

Seit der ersten Generation der Phantom 1 wurden viele Features der Geräte verbessert, besonders im Bereich Kamera und Sicherheit. So hat die Phantom 4 bereits zu dem üblichen Failsafe (Return To Home (RTH): Gerät kehrt automatisch zu vorher definiertem Homepoint zurück, wenn die Verbindung abbricht) und Geofencing (das Gerät wird in Flughöhe und Flugdistanz begrenzt oder verweigert den Aufstieg in luftrechtlich sensiblen Bereichen) auch Sensoren zur automatischen Hinderniserkennung.[50] Sofern in der Flugbahn Hindernisse wie Bäume oder Häuser auftauchen, stoppt das Gerät bzw. weicht automatisch aus. Kollisionen können so weitestgehend vermieden werden. Prekär wird es nach wie vor, wenn ein Motor ausfällt: Der Quadrokopter stürzt ab, da keine redundanten Antriebe vorhanden sind. Anders hingegen verhält es sich beim Hexa- oder Oktokopter beim Ausfall eines Motors. So bietet zum Beispiel der Hexakopter Typhoon H von Yuneec serienmäßig die automatische Umschaltung von 6 auf 5 Rotoren, sofern ein Motor ausfallen sollte.[51] Auch der Profikopter DJI S 1000 gilt mit seinen 8 Rotoren als „ausfallsicher".[52]

Die sicherste Failsafe-Strategie ist vermutlich das Ausschalten der Motoren auch wenn der Totalschaden droht. Fliegt die Drohne durch den ausgefallenen Antrieb nämlich unkontrollierbar umher, kann es zu Schäden oder Verletzungen Dritter kommen.[53] Besonders wenn bemannter Luftverkehr auf Kollisionskurs ist und unter dem Multikopter keine Menschen oder Verkehrsteilnehmer sind, ist der Not-Aus die absolute Notlösung.

Systemausfälle, technische Probleme und Gegenmaßnahmen

Wenn auch die Technik der Drohnen in einem konstanten Verbesserungsprozess ist und die Sicherheitsvorkehrungen um ein vielfaches zuverlässiger sind als bei der ersten Generation, kann es trotzdem zu Systemausfällen oder anderen Problemen kommen.

Eine mögliche Fehlerquelle liegt bspw. in der Programmierung des Gerätes. Die Software kann Fehler aufweisen oder „sich aufhängen", was im Betrieb zu Problemen führen kann. Bei Geräten von DJI kann bei einem Fehler der „DJI GO App" auf dem Smart-Device ein Neustart erfolgen während die Fernbedienung weiterhin angeschaltet bleibt. Hierdurch bleibt die Möglichkeit zur Steuerung erhalten.

Benutzt man ein Smartphone oder Tablet als Display, so kann ein Anruf, eine Terminerinnerung oder eine Nachricht während des Betriebes der Drohne äußerst störend sein.

Ein Softwarefehler oder ein Absturz stellen bei gewissen Geräten folglich ein hohes Risiko dar; führen Sie daher regelmäßig Updates durch. Auf diese Weise können Sie Softwareprobleme minimieren.

Weitere Probleme bei der Bedienung einer Drohne können durch den Ausfall des GPS erzeugt werden. Ein Ausfall oder eine Störung kann durch technische Probleme oder äußere Umstände (z. B. hohe Gebäude ringsumher) geschehen. Ohne GPS kann die Drohne abdriften.

Üben Sie für diesen Fall den Flug ohne GPS und testen Sie den RTH auf dem freien Feld. Hierdurch lernen Sie Ihr Gerät besser kennen und sind in Notfallsituationen bestens vorbereitet.

Je nach Drohne kann auch ein hohes Aufkommen von WLAN den Empfang stören. Besonders kleine Drohnen, die selbst im 2,4 Ghz-Netz senden und empfangen, sind hiervon betroffen. Durch viele weitere 2,4 Ghz Netzwerke kann es zu erheblichen Einbußen der Sendeleistung kommen. Betreiben Sie solche Geräte daher möglichst weit weg von störenden Heimnetzwerken. Auch sollten Sie folgende Flugmodi wie Ihre „Westentasche" kennen:

Sofern Sie vor dem Aufstieg eine Störung zwischen Sender und Empfänger feststellen, sollten Sie den Betrieb so lange einstellen, bis die Störquelle eindeutig identifiziert und behoben worden ist.

Flugmodi[54]

Die Flugmodi sind generell in folgende Untergruppen einzuteilen:

1. Manueller Modus (ATTI): In diesem Modus wird auf GPS und viele andere Helfer verzichtet. Je nach Drohne wird hier nur die Höhe gehalten, die weitere Steuerung wird vom Steuerer vorgenommen. Diesen Modus sollten Sie nur nutzen, wenn Sie etwas Erfahrung haben.

2. Stabilisierter Modus: In diesem Modus ist das GPS aktiv, die Drohne hält die Position und kann mittels Unterstützungssystemen leicht gesteuert werden. Dieser Modus wird auch oft Standardmodus genannt. Möglicherweise ist die maximale Schräglage limitiert, wodurch die Geschwindigkeit gedrosselt wird. Bei DJI kann neben dem Standardmodus auch der Sportmodus gewählt werden. Hier ist die Geschwindigkeit deutlich höher, dafür aber die Hinderniserkennung ausgeschaltet. Bei Yuneec ist in dem Modus die Geschwindigkeit stufenlos einstellbar.

3. Autonomer Waypoint Flug: Mittels GPS wird vorab die Flugroute geplant, die Drohne fliegt ohne weitere Steuersignale die Strecke ab. Ein Eingriff ist nicht vorgesehen, aber in der Regel möglich.

4. Auto Follow: Hierbei folgt die Drohne einem Ziel autonom. Dieser Modus ist stark verwandt mit DJIs Tab Fly oder Yuneecs Watch Me Modus.

5. Return-To-Home: Auch dieser Modus erfolgt autonom, allerdings nur als Notfalllösung. Achten Sie auf die Einstellungen, wie die Heimkehr erfolgt. Eine Kollision mit Menschen oder Infrastruktur kann durch die richtige Höhe vermieden werden.

Es ist davon auszugehen, dass in den kommenden Jahren weitere Modi hinzukommen, besonders im autonomen Bereich. So kann die DJI Spark bereits über Gesten gesteuert werden; eine völlig neue Dimension der Kontrolle.

Wiederholungsfragen zum Kapitel 2

Frage 1: Zu zivilen Drohnen zählen Drohnen der Klasse ...

(A) HALE ○
(B) MUAV ◉
(C) UCAV ○
(D) MALE ○

Frage 2: Ein Spotter ist eine andere Bezeichnung für einen ...

(A) Steuerer ○
(B) Sicherheitspiloten ○
(C) Landeplatz ○
(D) Luftraumbeobachter ◉

Frage 3: Die EASA ist zuständig ab einem Gewicht von ...

(A) 25 kg ○
(B) 100 kg ○
(C) 1.000 kg ○
(D) keine der Antworten ◉

Frage 4: Der einheitliche Begriff für zivile Drohnen ist ...

(A) Multikopter ○
(B) RPAS ○
(C) es gibt keinen ◉
(D) Drohne ○

Frage 5: Verliert die Drohne das Funksignal kommt sie mit welcher Funktion zurück zum Startpunkt?

(A) GPS ○
(B) RTH ◉
(C) Geofencing ○
(D) ATTI ○

Frage 6: Wackelfreie Bilder werden realisiert durch ...

(A) Gimbal ◉
(B) Spiegelreflexkamera ○
(C) Actioncam ○
(D) regelmäßige Updates ○

Frage 7: Eine zivile Drohne wird nicht ... gesteuert.

(A) autonom ○

(B) von einem Piloten an Bord ◉

(C) über Smartphone ○

(D) per Kontrollstation ○

Frage 8: Die europäische Agentur für Luftsicherheit nennt sich ...

(A) FAA ○

(B) EASA ◉

(C) JARUS ○

(D) ICAO ○

Frage 9: Kein Synonym für einen Steuerer ist ...

(A) Pilot ○

(B) Luftfahrzeugführer ○

(C) Starter ○

(D) Lander ◉

Frage 10: Maximale Unterstützung durch bspw. GPS hat man im ...

(A) Anfängermodus ◉

(B) Sportmodus ○

(C) ATTI-Modus ○

(D) autonomen Modus ○

Frage 11: Die Drohne fliegt merklich instabiler, äußere Einflüsse, wie Wind müssen manuell ausgeglichen werden. Welcher Flugmodus ist gewählt?

(A) Anfängermodus ○

(B) Sportmodus ○

(C) ATTI-Modus ◉

(D) Autonomer Modus ○

Kapitel 3: Luftrecht I – Generelle Regeln für alle Teilnehmer am Luftverkehr von A bis Z

Drohnen werden gemäß § 1 Abs. 2 Nr. 9. LuftVG (Flugmodelle) bzw. § 1 Abs. 2 Satz 3 LuftVG (unbemannte Luftfahrtsysteme) als Luftfahrzeuge definiert. Mit dieser rechtlichen Eingliederung werden die Geräte gleichzeitig an die allgemeinen Regeln für alle Luftfahrzeuge gebunden (sofern sinnvoll anwendbar und möglich) und unterliegen gleichwohl auch den speziellen Regelungen für Drohnen gem. §21a bis §21f LuftVO.

Maßgebliche Normen finden sich unter anderem im Luftverkehrsgesetz (LuftVG). Die Regeln werden hier alphabetisch genannt, nicht nach Prioritäten.

Abwurf von Gegenständen

Der Abwurf von Gegenständen ist gem. § 13 LuftVO aus oder von Luftfahrzeugen verboten. Dies gilt nicht für Ballast in Form von Wasser oder feinem Sand, Treibstoffe, Schleppseile, Schleppbanner und ähnliche Gegenstände, wenn Sie an Stellen abgeworfen oder abgelassen werden, an denen eine Gefahr für Personen oder Sachen nicht besteht.[55]

Entsprechende Ausnahmen kann die zuständige Landesluftfahrtbehörde erlassen, sofern eine Gefahr für Personen oder Sachen nicht besteht.[56] Diese Norm betrifft vermutlich nur einen kleinen Kreis von Ihnen, aber es wurden auch schon Flyer mittels Drohne abgeworfen ...

Alkohol oder anderen psychoaktive Substanzen

Eigentlich sollte es klar sein: Der Betrieb einer Drohne ist nur erlaubt, wenn man nüchtern ist. Der Betrieb unter Drogen- und Alkoholeinfluss ist gem. § 4a LuftVG verboten. Gleiches gilt für Medikamente, aber nur so weit, als auf Grund ihrer betäubenden, bewusstseinsverändernden oder aufputschenden Wirkung davon auszugehen ist, dass sie die Dienstfähigkeit von Luftfahrzeugführern beeinträchtigen oder ausschließen, es sei denn, durch eine ärztliche Bescheinigung eines flugmedizinischen Sachverständigen oder eines flugmedizinischen Zentrums kann nachgewiesen werden, dass eine solche Wirkung nicht zu befürchten ist.[57] Der Betrieb von Drohnen unter Alkoholeinfluss kann eine Ordnungswidrigkeit bedeuten oder auch strafrechtliche Relevanz haben.

Auch wenn Sie sich sicher sind, dass Sie der perfekte Drohnenpilot sind, lassen Sie den Kopter auch nach einem Bier am Boden. Es gilt das Motto: „Don't drink and fly!"

Schon aus eigenem Interesse sollte man nur mit klarem Kopf den Betrieb der Drohne aufnehmen. Bei einem Absturz kann teurer Sachschaden entstehen und die Zahlungswilligkeit der Versicherung dürfte schlecht sein, wenn Rauschmittel nachgewiesen werden können.

Ausweichregeln

Steuerer von unbemannten Luftfahrtsystemen und Flugmodellen haben dafür Sorge zu tragen, dass diese bemannten Luftfahrzeuge und unbemannten Freiballonen im Sinne von Anlage 2 der Durchführungsverordnung (EU) Nr. 923/2012 (SERA 3210) ausweichen.[58]

Die generellen Ausweichregeln von SERA 3210 beinhalten nur Regeln für den bemannten Luftverkehr. Mit der Regelung des § 21f LuftVO muss immer das unbemannte System ausweichen.[59]

Belästigungsverbot

Ähnlich zu den Gefahren, sollen auch Belästigungen der Bevölkerung vermieden werden. Gem. § 29a LuftVG sind Flugplatzunternehmer, Luftfahrzeughalter und Luftfahrzeugführer verpflichtet, beim Betrieb von Luftfahrzeugen in der Luft und am Boden vermeidbare Geräusche zu verhindern und die Ausbreitung unvermeidbarer Geräusche auf ein Mindestmaß zu beschränken, wenn dies erforderlich ist, um die Bevölkerung vor Gefahren, erheblichen Nachteilen und erheblichen Belästigungen durch Lärm zu schützen. Auf die Nachtruhe der Bevölkerung ist in besonderem Maße Rücksicht zu nehmen.[60]

Die Luftfahrtbehörden und die Flugsicherungsorganisation haben auf den Schutz der Bevölkerung vor unzumutbarem Fluglärm hinzuwirken. Also vermeiden Sie hohen Fluglärm (mehr dazu im Kapitel Erlaubnispflichten für Drohnen).

Bundeswehr, Polizei und weitere Behörden und Organisationen mit Sicherungsaufgaben (BOS)

Die Bundeswehr und Polizei genießen eine besondere Stellung im Luftrecht. Solange die vorgenommenen Handlungen der Erfüllung der Aufgabe dienlich sind, können diese Institutionen von den meisten Vorschriften des LuftVG und den erlassenen Verordnungen wie LuftVO abweichen.[61]

Wenn Sie hierzu mehr wissen möchten, werfen Sie einen Blick in § 30 LuftVG.

Bezogen auf Drohnen gilt ähnliches: Für Behörden und Organisationen mit Sicherungsaufgaben waren bis zuletzt die Regelungen anders, denn es wurde eine Erlaubnis benötigt. Als BOS werden insbesondere Feuerwehren, Rettungsdienste, Organisationen des Zivil- und Katastrophenschutzes, sowie das THW angesehen.[62] Mit Inkrafttreten der Drohnen-VO im April 2017 wurde eine Angleichung an § 30 LuftVG vorgenommen, sodass nun auch diese Organisationen eine Drohne ohne Erlaubnis einsetzen können; das gilt sowohl für den Einsatz an sich, als auch zu Trainings- und Ausbildungszwecken.[63] Neben Organisationen mit Sicherungsaufgaben sind auch alle anderen Behörden von einer Erlaubnis oder den Verboten nach § 21b LuftVO befreit, sofern der Einsatz der Erfüllung der Aufgaben dient.

Erlaubnis des Grundstückseigentümers

Im Bereich der Flugvorbereitung muss von dem Grundstückseigentümer des Aufstiegs- und Landungsgeländes eine Einverständniserklärung eingeholt werden.[64] Vom Prinzip ist dies der erste Schritt, bevor es in die Luft geht. Oft werden die Aufstiege ziviler Drohnen von Feldern oder Privatgrundstücken aus durchgeführt. Hier sind die jeweiligen Eigentümer die korrekten Ansprechpartner für das – möglichst schriftliche – OK.

Eine Mustergestattung könnte wie folgt aussehen:

„Einverständniserklärung zum Einsatz der Drohne

Hiermit gestatte ich **DROHNENFIRMA, VORNAME NACHNAME, ANSCHRIFT, PLZ ORT,** auf meinem Grundstück bzw. meinen Grundstücken (Genaue Adresse oder Gemarkung und Flurstücke) mit einer Drohne zu starten und zu landen sowie den Luftraum über meinem Grundstück zu nutzen. Zudem gestatte ich die Aufzeichnung von Bild- und Videoaufnahmen, insbesondere hinsichtlich sämtlicher Gebäude, Zubehör und auf dem Grundstück befindlichen Personen.

Diese Aufnahmen dürfen bearbeitet, gespeichert und im üblichen Umfang verwendet werden. Sofern mir Urheberrechte zustehen, insbesondere an Werken der Baukunst oder an Abbildungen meiner Person, stimme ich der Vervielfältigung jener Werke zu, welche im Rahmen des Drohnen-Einsatzes abgebildet wurden. Mir ist bewusst, dass diese Erklärung in einem ggf. erforderlichen Erlaubnisverfahren der zuständigen Luftverkehrsbehörde, unter Angabe des Aufstiegsortes, vorzulegen ist.

Ort, Datum, Unterschrift"

Handelt es sich um einen öffentlichen Platz oder eine Straße, stellt das örtliche Ordnungsamt eine Einverständniserklärung aus. Diese hat zumeist sinngemäß folgenden Inhalt:

> „Unter Berücksichtigung der in der Aufstiegserlaubnis der Landesluftfahrtbehörde aufgeführten Nebenbestimmungen spricht aus Sicht meiner Kommune nichts gegen einen Aufstieg eines unbemannten Luftfahrtsystems am **TT.MM.JJJJ** in der Zeit von **HH:MM** am **ORT/PLATZ.**
>
> Ort, Datum, Unterschrift"

Auch bei dem Flug über Verkehrswege wie Wasserstraßen sind die jeweilig zuständigen Betreiber bzw. Behörden zu beteiligen und deren Einverständnis einzuholen. Durch die Verbote des § 21 b LuftVO sind bei Bundeswasserstraßen und Bundesstraßen neben dem Einverständnis bzw. bei einer Verweigerung luftrechtliche Erlaubnisse einzuholen (Mehr unter Kapitel Verbote und Sondererlaubnis).

Jede Erlaubnis sollte schriftlich eingeholt werden. Kommt es im Nachhinein doch zu Unstimmigkeiten oder einem Ordnungswidrigkeitenverfahren, gestaltet sich die Beweisführung einfacher.

Gefahrenabwehr

Die Luftfahrtbehörden haben zur Aufgabe, die zivile Bevölkerung und andere Luftverkehrsteilnehmer vor Schäden zu bewahren. So kann auch der Betrieb Ihrer Drohne eine Gefahr darstellen. Um dieser möglichen Gefahr Herr zu werden, können die Behörden den Betrieb beschränken, mit Auflagen versehen oder untersagen. Genaueres zur Gefahrenabwehr finden Sie u.a. in § 29 LuftVG, welcher sehr ausführlich darstellt, welche Regelungskompetenzen zur Abwehr von Gefahren bei den Behörden liegen.

Es kann also durchaus sein, dass Sie keiner Erlaubnispflicht unterliegen, in besonderen Bereichen oder bei bestimmten Situationen die Behörden Ihnen den Aufstieg aber trotzdem nicht erlauben.[65]

Luftfahrerlizenzen im Kurzüberblick

Während die Lizensierung von Luftsportgeräten wie Fallschirmen, Gleitschirmen, Flugdrachen und Ultraleichtflugzeugen national geregelt werden, so findet sich die Regulierung für Flugzeuge, Hubschrauber, Segelflugzeuge, Ballone und Luftschiffe im europäischen Lizensierungsrecht wieder; einschlägige Norm ist hier EU Verordnung Nr. 1178/2011 Teil-FCL. Teil-FCL unterscheidet bei den Lizenzen zwischen Lizenzen für Leichtflugzeuge (LAPL) und der Privatpilotenlizenz (PPL).

Folgende Piloten-Lizenzen gibt es für Leichtflugzeuge:
> LAPL (A); Aeroplane – Flugzeug; Mindestalter 17
> LAPL (H); Helicopter – Hubschrauber; Mindestalter 17
> LAPL (S); Sailplane – Segelflugzeug; Mindestalter 16
> LAPL (B); Balloon – Ballon; Mindestalter 16

Analog gilt für die Privatpilotenlizenz:
> PPL (A); Aeroplane – Flugzeug; Mindestalter 17
> PPL (H); Helicopter – Hubschrauber; Mindestalter 17
> PPL (As); Airship – Luftschiff; Mindestalter 17
> SPL; Sailplane Pilot Licence – Segelflugzeug; Mindestalter 16
> BPL; Balloon Pilot Licence – Ballon; Mindestalter 16

Im kommerziellen Bereich gibt es folgende Lizenzen:
> CPL; Commercial Pilot Licence – Berufspilot
> MPL; Multi-Crew Pilot Licence – Lizenz für Mehrköpfige Besatzung
> ATPL; Airline Transport Pilot Licence – Verkehrspilot

Sicherheitsmindesthöhe

Gemäß § 37 LuftVO i. V. m. SERA.5005 Buchstabe f der Durchführungsverordnung (EU) Nr. 923/2012 darf über Städten, anderen dicht besiedelten Gebieten und Menschenansammlungen im Freien in einer Höhe von weniger als 300 m (1.000 ft) über dem höchsten Hindernis innerhalb eines Umkreises von 600 m um das Luftfahrzeug nicht betrieben werden. In anderen (...) Fällen ist der Betrieb in einer Höhe von weniger als 150 m (500 ft) über dem Boden oder Wasser oder 150 m (500 ft) über dem höchsten Hindernis innerhalb eines Umkreises von 150 m (500 ft) um das Luftfahrzeug verboten. Lediglich Starts- und Landungen sowie Notlandungen machen hiervon eine Ausnahme.[66] Für unbemannte Fluggeräte gilt diese Sicherheitsmindesthöhe (SMH) nicht, da die Geräte generell nur in Bodennähe betrieben werden dürfen.

Auch unterhalb der Sicherheitsmindesthöhe kann es zu Begegnungen mit anderen Teilnehmern am Luftverkehr kommen, denn gem. § 37 Abs. 3 LuftVG dürfen Segelflugzeuge, bemannte Freiballone, Hängegleiter und Gleitsegler die Sicherheitsmindesthöhe unterschreiten. Des Weiteren unterschreiten auch Rettungshubschrauber oder andere Luftfahrzeuge im Notfall ebenfalls die Sicherheitsmindesthöhe.

Transponderpflicht

Gemäß § 4 Abs. 5 der Verordnung über die Flugsicherungsausrüstung der Luftfahrzeuge (FSAV) müssen für folgende Flüge nach Sichtflugregeln (...) Luftfahrzeuge mit einem Sekundärradar-Antwortgerät (Transponder) ausgerüstet sein:

> Flüge in Lufträumen der Klassen C sowie D (nicht Kontrollzone),
> Flüge in Lufträumen mit vorgeschriebener Transponderschaltung (TMZ),
> Flüge bei Nacht im kontrollierten Luftraum,
> Flüge mit motorgetriebenen Luftfahrzeugen, ausgenommen in der Betriebsart Segelflug, oberhalb 5 000 Fuß über MSL oder oberhalb einer Höhe von 3 500 Fuß über Grund, wobei jeweils der höhere Wert maßgebend ist.

Entsprechende Transponder sind für Drohnen derzeit nicht erhältlich (Lesen Sie hierzu mehr im Kapitel Lufträume).

Unfallmeldepflicht

Bei einem Absturz muss gem. § 7 Abs. 1 LuftVO i. V. m. Artikel 2 Nummer 1 der Verordnung (EU) Nr. 996/2010 eine Anzeige bei der Bundesstelle für Flugunfalluntersuchung (BFU) gemacht werden, wenn während des Betriebes eines unbemannten Luftfahrtzeuges eine Person durch Berührung schwer verletzt oder getötet wird.

Ob dies allerdings auch 1:1 für unbemannte Luftfahrtssteme bzw. Fluggeräte unter 25 kg gilt, ist fragwürdig.

Im Notfall sollten Sie lieber eine Meldung machen, die abgewiesen wird, als eine doch notwendige Meldung nicht abzugeben.

Vergessen Sie nicht, auch die nächstgelegene Polizeidienststelle und Ihre Versicherung über den Unfall zu informieren.

Versicherungspflicht

Gemäß §§ 33 Abs. 1, 37 Abs. 1a), 43 LuftVG i. V. m. § 101 LuftVZO ist der Halter eines Luftfahrzeuges zum Ersatz von solchen Schäden verpflichtet, die durch den Betrieb verursacht werden.

Hierbei sind alle möglichen Schäden gemeint, von Sachschäden bis hin zu körperlichen Schäden und Tod.

Bei Unfällen mit dem Luftfahrzeug wird bei Geräten bis zu 500 Kilogramm, zu denen alle zivilen Drohnen subsummiert werden, eine Mindest-Haftungssumme von 750.000 Rechnungseinheiten in Form einer Luftfahrerhaftpflichtversicherung vorgeschrieben, was etwa einer Million Euro entspricht. Mehr zu den speziellen Versicherungskriterien für Drohnen finden Sie weiter hinten im Buch.

Frage 1: Der Betrieb einer Drohne sollte nur erfolgen, wenn ein Promillewert von ... vorliegt

(A) 0,8 ○
(B) 1,0 ○
(C) 2,0 ○
(D) 0,0 ◉

Frage 2: Unter dem Einfluss starker psychoaktiver Medikamente ist der Betrieb ...

(A) nicht erlaubt. ◉
(B) erlaubt. ○
(C) nur mit Spotter erlaubt. ○
(D) keine der Antworten ○

Frage 3: Die Sicherheitsmindesthöhe (SMH) für bemannten Luftverkehr beträgt über Ortschaften, Menschenansammlungen und dicht besiedeltem Gebiet ...

(A) 150 m ◉
(B) 200 m ○
(C) 300 m ○
(D) 400 m ○

Frage 4: Über Wasser und dünn besiedeltem Gebiet beträgt die SMH hingegen ...

(A) 100 m ○
(B) 150 m ○
(C) 200 m ○
(D) keine der Antworten ◉

Frage 5: Vor jedem Aufstieg ist das Einverständnis von ... einzuholen.

(A) der Polizei/Ordnungsbehörden ○
(B) der Landesluftfahrtbehörde ○
(C) dem Grundstückseigentümer ◉
(D) von der Flugsicherung ○

Frage 6: Welche Drohnen unterliegen der Versicherungspflicht? Alle Drohnen ab einem Abfluggewicht von ...

(A) 0,25 kg ○
(B) 2 kg ○
(C) 5 kg ○
(D) keine der Antworten ◉

Frage 7: Welche Versicherung muss für die Drohne abgeschlossen werden?
(A) Privathaftpflicht
(B) Hausrat ○
(C) Luftfahrthaftpflicht ○
(D) RC-Versicherung ◉

Frage 8: Beim Betrieb von Luftfahrzeugen ist darauf zu achten, dass unnötige Belästigungen durch ... vermieden werden.
(A) Chemtrails ○
(B) Blendungen ○
(C) Lärm ◉
(D) Wirbelschleppen ○

Frage 9: Aus Gründen der ... kann die Landesbehörde einen Aufstieg verwehren.
(A) Erlaubnispflicht ○
(B) Allgemeinverfügung ○
(C) Gefahrenabwehr ◉
(D) keine der Antworten ○

Frage 10: Schwere Unfälle bspw. mit Todesfolge müssen ... gemeldet werden.
(A) der LLB ○
(B) der BFU ◉
(C) dem LBA ○
(D) der EASA ○

Frage 11: Wann müssen unbemannte Fluggeräte bemanntem Luftverkehr ausweichen?
(A) immer ◉
(B) wenn Sie weniger als 25 kg wiegen ○
(C) über 100m AGL ○
(D) keine der Antworten ○

Frage 12: Die Polizei, die Bundeswehr und BOS brauchen bei Erfüllung Ihrer Aufgaben für die Drohnennutzung ...
(A) keine Erlaubnis. ◉
(B) eine besondere Erlaubnis. ○
(C) externe Steuerer. ○
(D) einen Spotter. ○

Frage 13: Wenn auch für den Einsatz BOS an keine Verbote und Erlaubnisse gebunden sind, so wird zu Ausbildungszwecken eine Erlaubnis benötigt.
(A) richtig ○
(B) falsch ◉

Kapitel 4: Luftrecht II – Luftraumstruktur und Sichtflugregeln

Nach den luftrechtlichen Vorschriften[67] gelten Flugmodelle und unbemannte Luftfahrtsysteme als Luftfahrzeuge und deren Steuerer gelten somit als gleichwertige Teilnehmer am Luftverkehr – ebenso wie Piloten bemannter Luftfahrzeuge. Neben einer Vorbereitung für den geplanten Aufstieg mit dem unbemannten Fluggerät werden einige Grundkenntnisse, z. B. über örtliche Einschränkungen, vorherrschende meteorologischen Bedingungen sowie vorhandene Luftraumstruktur und luftrechtliche Vorschriften benötigt.

Der Luftraum über der Bundesrepublik Deutschland ist grundsätzlich zwischen dem kontrollierten Luftraum (C/D/E) und dem unkontrollieten Luftraum (G) zu unterschieden, wobei lediglich der unkontrollierte Luftraum für unbemannte Fluggeräte ohne Flugverkehrskontrollfreigabe nutzbar ist. Spätestens ab ~760 m (2.500 ft) AGL beginnt innerhalb Deutschlands der kontrollierte Luftraum.

Für die bemannte Luftfahrt ist geregelt, mit welcher Mindestflugsicht in Lufträumen geflogen werden darf. Diese Regelungen können auch für unbemannte Fluggeräte relevant sein.

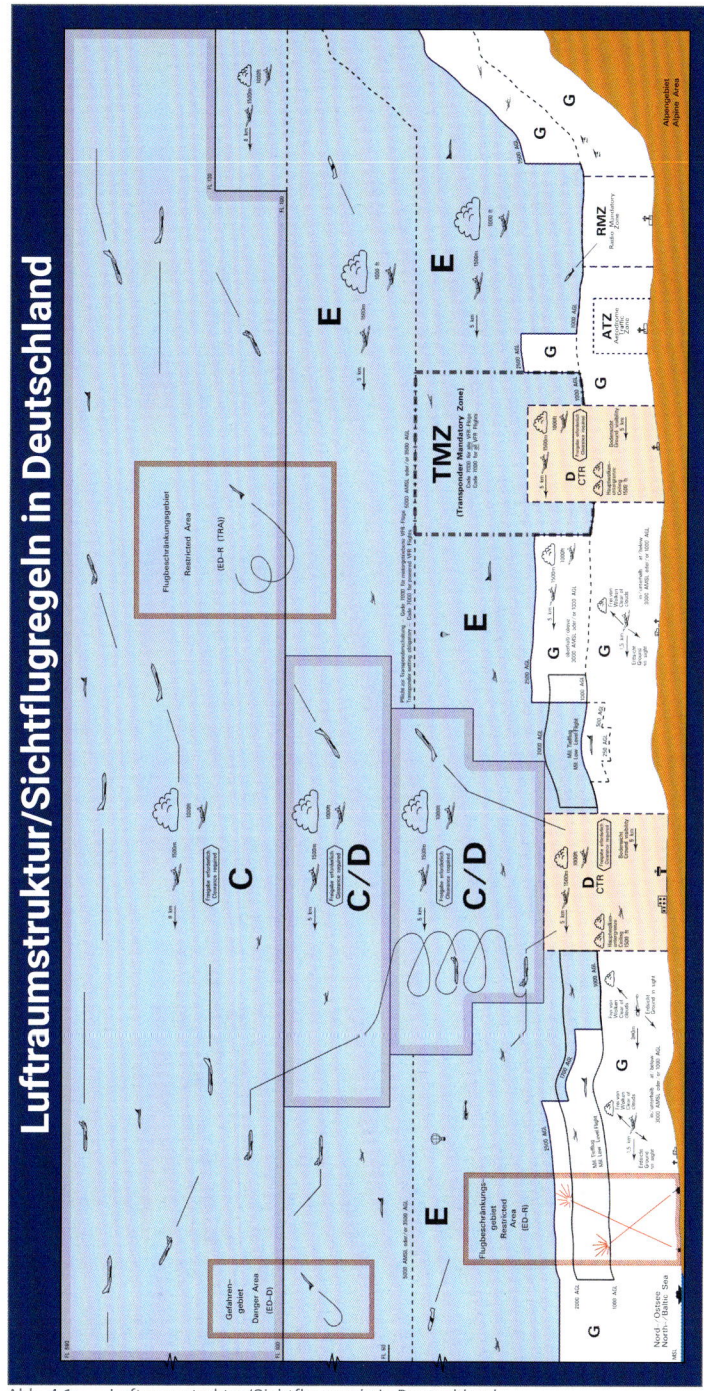

Abb. 4.1: Luftraumstruktur/Sichtflugregeln in Deutschland

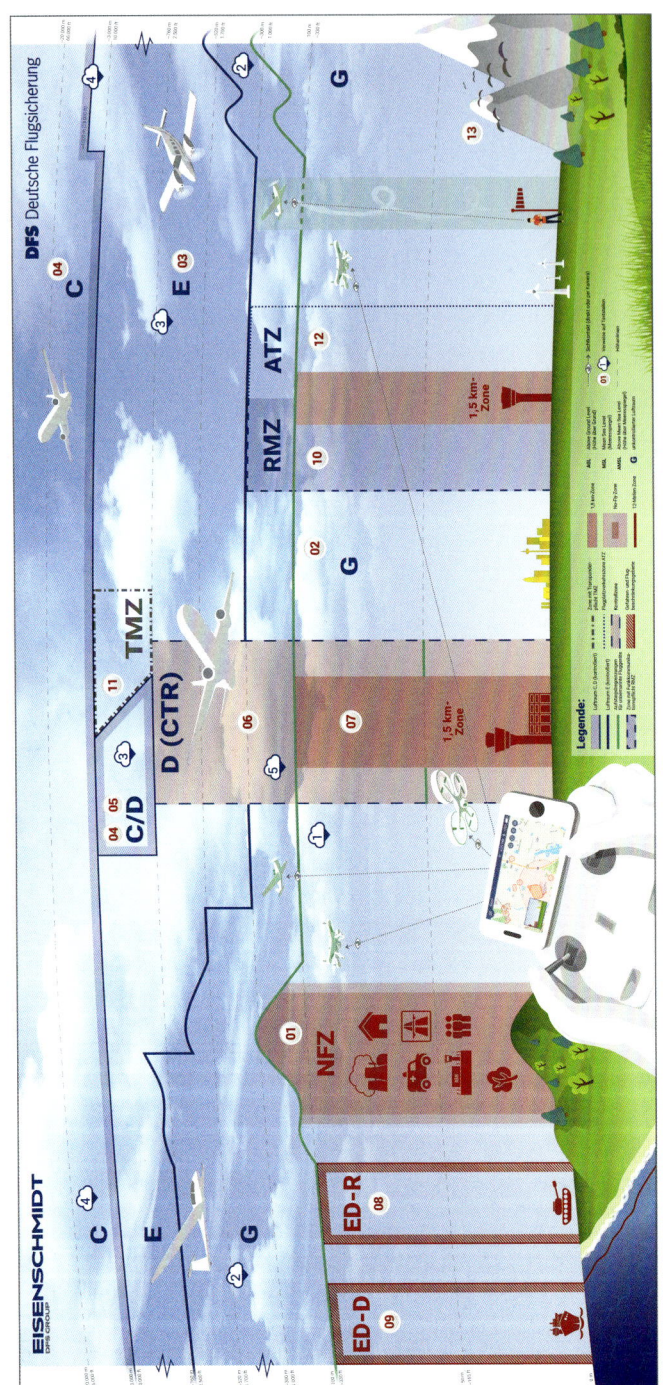

Abb. 4.2:   Drohnenflugposter „Drohnen 1x1"

48

Luftraum G (Golf)

Flüge mit unbemannten Fluggeräten sind ausschließlich nur im unkontrollierten Luftraum G ohne Flugverkehrskontrollfreigabe zulässig. Der Luftraum G beginnt grundsätzlich an der Erdoberfläche und reicht bis in eine Höhe von ~760 m (2.500 ft) AGL. Er ist als solcher nicht in der sogenannten Luftfahrtkarte ICAO 1:500.000 Deutschland eingezeichnet.

In Angrenzung, z. B. an Flughäfen, kann der Luftraum G aber auch treppenartig abgestuft und zuerst auf ~520 m (1.700 ft) AGL und dann sogar auf ~300 m (1.000 ft) AGL abgesenkt sein und ist entsprechend in der Luftfahrtkarte gekennzeichnet. Für Steuerer unbemannter Fluggeräte gelten folgende Regeln im Luftraum G:[68]
> Wolken dürfen nicht berührt werden,
> Flugsicht mind. 1,5 km,
> ab ~910 m (3.000 ft) AMSL oder ~520 m (1.000 ft) AGL gelten abweichende Regeln:
> • Abstand zu Wolken von vertikal ~300 m (1.000 ft) AGL und horizontal 1,5 km
> • Flugsicht mind. 5 km

Während gem. § 21b LuftVO der Betrieb auf 100m begrenzt wird, kann der Flugmodellbetreiber auf sichere 304m im Luftraum G problemlos aufsteigen, bzw. an bestimmten Orten sogar bis 762m, sofern er keinen Multikopter betreibt und einen Kenntnisnachweis hat.[69]

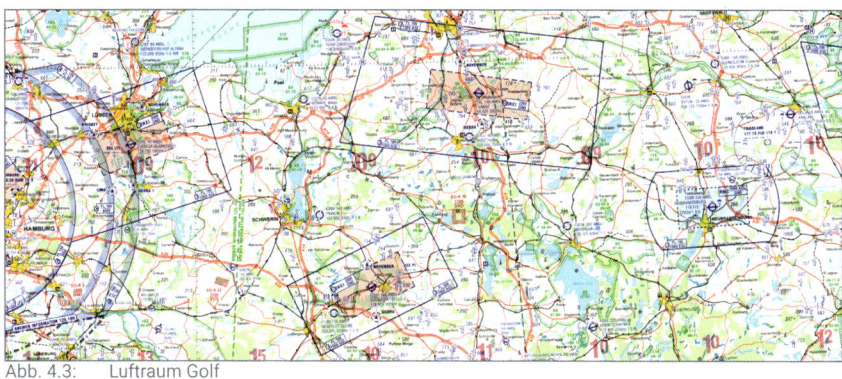

Abb. 4.3:   Luftraum Golf

Luftraum E (Echo)

Innerhalb Deutschlands beginnt der kontrollierte Luftraum E grundsätzlich in ~760 m (2.500 ft) AGL und ist als solcher nicht in der Luftfahrtkarte ICAO 1:500.000 eingezeichnet. Er kann um Kontrollzonen treppenartig auf ~520 m (1.700 ft) AGL und ~300 m (1.000 ft) AGL abgesenkt sein und wird dann auch entsprechend in der Luftfahrtkarte gekennzeichnet.

Für bemannte Luftfahrzeuge gelten folgende Regeln im Luftraum E, die auch bei möglicher Nutzung durch unbemannte Fluggeräte gelten:[70]

> Transponderpflicht für motorbetriebene VFR-Flüge oberhalb ~1.520 m (5.000 ft) AMSL oder ~1.070 m (3.500 ft) AGL,
> Mindestabstand zu Wolken von vertikal ~300 m (1.000 ft) AGL,
> horizontal 1,5 km,
> Flugsicht mind. 5 km,
> ab Flughöhe ~3.000 m (10.000 ft) AGL gilt generell eine Flugsicht von mind. 8 km

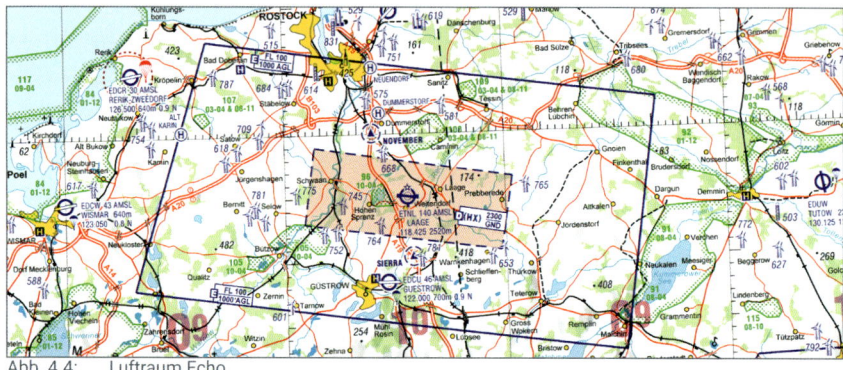

Abb. 4.4:   Luftraum Echo

Luftraum C (Charlie) und D (Delta)

Sowohl beim Luftraum C als auch beim Luftraum D handelt es sich um einen kontrollierten Luftraum. Beide Lufträume sind in der Luftfahrtkarte ICAO 1:500.000 mit den entsprechenden Höhen verzeichnet.

Flüge sind nach Intrumentenflug- und Sichtflugregeln erlaubt, das Mitführen und die Verwendung eines sogenannten Transponders ist allerdings für alle Luftfahrzeuge Pflicht. Im Luftraum C ist zusätzlich weitere Funknavigationsausrüstung vorgeschrieben. Für den Einflug in beide Lufträume ist eine Flugverkehrskontrollfreigabe erforderlich.

Für bemannte Luftfahrzeuge gelten folgende Regeln im Luftraum C bzw. D, die auch bei möglicher Nutzung durch unbemannte Fluggeräte gelten:[71]

> dauernde Hörbereitschaft per Flugfunk,
> Mindestabstand zu Wolken von vertikal ~300 m (1.000 ft) AGL,
> horizontal 1,5 km,
> Flugsicht mind. 5 km,
> ab Flughöhe ~3.000 m (10.000 ft) AGL gilt generell eine Flugsicht von mind. 8 km

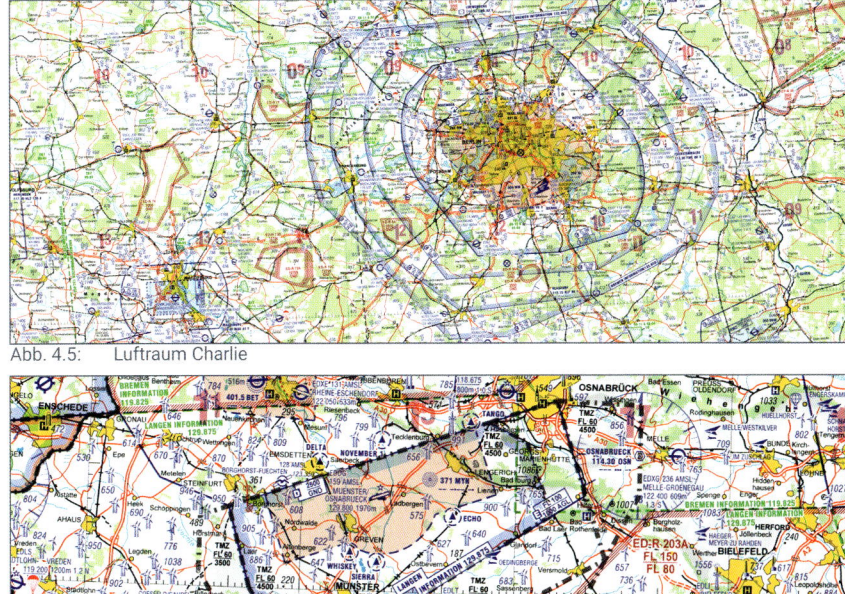

Abb. 4.5:   Luftraum Charlie

Abb. 4.6:   Luftraum Delta

Kontrollzone: Luftraum D (CTR)

Große Flughäfen wie z. B. Düsseldorf besitzen eine Kontrollzone, die sich vom Boden bis in unterschiedliche Höhen erstreckt.

Die Kontrollzone ist in der Luftfahrtkarte entsprechend eingezeichnet und dient dem Zweck, im Bereich hoher Verkehrsdichte den an-, ab- und durchfliegenden Verkehr zu koordinieren.

Für das Fliegen eines unbemannten Fluggeräts in eine Kontrollzone ist eine Flugverkehrskontrollfreigabe erforderlich.[72] Eine allgemeine Flugverkehrskontrollfreigabe für Kontrollzonen an zivilen Flughäfen in Deutschland[1] ist unter den folgenden Voraussetzungen erteilt:[73]

> Flugmodelle mit < 5 kg und unbemannte Luftfahrtsysteme mit < 25 kg Gesamtmasse dürfen auf eine Höhe von max. 50 m steigen,

> Einhaltung einer Mindestentfernung von 1,5 km zur Flugplatzbegrenzung,

---

1   gilt nur für Flugplätze mit DFS-Flugplatzkontrolle, ggf. gelten an Flugplätzen mit anderer Zuständigkeit abweichende Regelungen

> keine Formationsflüge (genügend Abstand zu anderen Flugbewegungen einhalten),
> keine autonomen Flüge ohne direkte Eingriffsmöglichkeit des Steuerers,
> Mindestabstand zu Wolken von vertikal ~ 300 m (1.000 ft) AGL, horizontal 1,5 km › Hauptwolkenuntergrenze von ~460 m (1.500 ft) – liegt diese tiefer, ist das Fliegen nicht erlaubt,
> Flugsicht mind. 5 km,
> Bodensicht mind. 5 km

Beim Aufstieg haben Steuerer von unbemannten Fluggeräten folgende Auflagen stets zu berücksichtigen:

> Flüge nur in Sichtweite ohne Hilfsmittel wie z. B. Fernglas oder FPV-Kamera,
> der Flugverkehr muss ständig beobachtet werden › bei Notfällen, Unfällen sowie Großschadensereignissen erfolgt die sofortige Landung,
> außer Kontrolle geratene unbemannte Fluggeräte sind unverzüglich telefonisch der zuständigen Flugplatzkontrollstelle zu melden,
> bei nächtlichem Betrieb muss eine Ausstattung des Fluggeräts mit Beleuchtung analog zu bemannten Luftfahrzeugen zur Fluglagenerkennung gewährleistet sein,[74]
> die Einhaltung sonstiger Regelungen wie z. B. Erlaubnispflicht, Kennzeichnungspflicht, Kenntnisnachweis, verbotenem Betrieb, Haftpflicht, Datenschutz und Zustimmung von Grundstückseigentümern bzw. Nutzungsberechtigten

Für Flüge, die die oben genannten Voraussetzungen und Auflagen nicht erfüllen, können für unbemannte Fluggeräte individuelle Flugverkehrskontrollfreigaben schriftlich bei der zuständigen Flugplatzkontrollstelle beantragt werden. Die Verfahren, Regelungen und Hinweise dazu sind in der aktuell gültigen NfL genau beschrieben.[75]

Für den Aufstieg innerhalb der Flugplatzbegrenzung müssen Steuerer zudem ein Sprechfunkzeugnis für den Flugfunkdienst besitzen und das unbemannte Fluggerät mit einem Transponder ausgerüstet sein.[76]

 ACHTUNG: In dem Bereich von 1,5 km um Flugplätze aller Art gilt absolutes Verbot ohne Freigabe (und Erlaubnis der LLB)! Eine Kontrollzone kann deutlich größer als 1,5 km sein, eine Freigabe ist nötig. Hier hilft ein Blick auf die ICAO- Karte.

 Als Flugplätze gelten nicht nur Verkehrsflughäfen. Auch Segelfluggelände, Ultraleichtfluggelände und Landeplätze von Hubschraubern (auch bei Krankenhäusern) sind zu beachten!

Im Bereich um den Verkehrsflughafen Hannover-bspw. erstreckt sich die Kontrollzone bis hin zum Steinhuder Meer. Viele Geräte werden innerhalb der Kontrolle automatisch nicht starten oder wenigstens anzeigen, dass ein Aufstieg nicht rechtmäßig ist. Da diese Funktion jedoch nicht 100%ig zuverlässig ist, stellt sie ohne einen fachkundigen Blick in die Luftfahrtkarte ICAO 1:500.000 und eine entsprechende Flugvorbereitung ein großes Problem dar. Denn in diesen Bereichen starten und landen insbesondere große Verkehrsflugzeuge.

Daher ist speziell die 1,5 km Grenze zur Flugplatzbegrenzung immer einzuhalten.

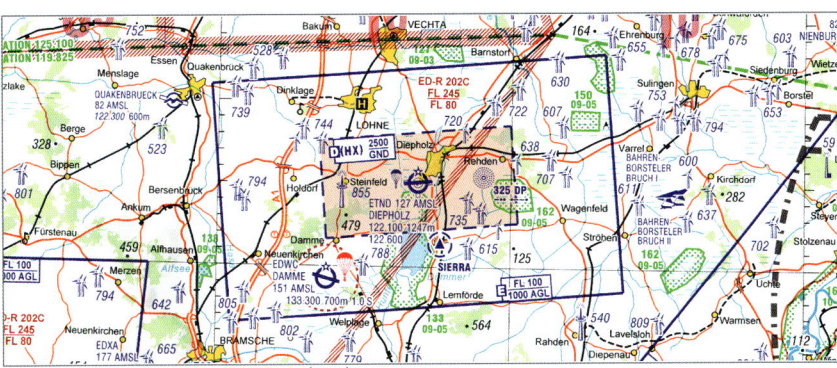

Abb. 4.7:   Kontrollzone Luftraum D (CTR) Hannover

Verbots- und Einschränkungszonen

Flugbeschränkungsgebiete (ED-R)

Flugbeschränkungsgebiete (ED-R) reichen von der Erdoberfläche oder einer angegebenen Höhe bis in unterschiedliche Höhen und schützen z. B. militärische Anlagen am Boden oder Orte der Regierung. Sie können zeitlich variabel und auch nur temporär aktiv sein.

Eine Form dieser beschränkten Gebiete ist der zeitweilig reservierte Luftraum TRA (Temporary Reserved Airspace). Er kann sich in Höhen von ~2.440 m (8.000 ft) bis ~20.000 m (66.000 ft) befinden.

In diesen Lufträumen darf mit einem unbemannten Fluggerät ohne Erlaubnis des Bundesamts für Flugsicherung nicht geflogen werden. Ein widerrechtlicher Aufstieg stellt eine Straftat dar, die gem. § 62 LuftVG mit Freiheitsstrafe bis zu zwei Jahren oder mit Geldstrafe bestraft werden kann. In der Luftfahrtkarte sind diese daher entsprechend gekennzeichnet. Weitere Informationen zum jeweiligen ED-R können z. B. dem Luftfahrthandbuch AIP VFR entnommen werden.

Abb. 4.8:   Darstellung ED-R

Gefahrengebiete (ED-D)

Wie auch Flugbeschränkungsgebiete dienen Gefahrengebiete (ED-D) der Flugsicherheit. Sie können sich in Höhen vom Boden bis ~20.000 m (66.000 ft) AGL befinden. Obwohl in ihnen grundsätzlich die gleichen Gefahren wie in Flugbeschränkungsgebieten vorhanden sind, ist der Durchflug weder beschränkt noch erlaubnispflichtig. Gleichwohl gilt für Steuerer unbemannter Fluggeräte die dringende Empfehlung, in Gefahrengebieten das Fluggerät nicht aufsteigen zu lassen.

Die vom Bundesministerium für Verkehr (BMVI) festgelegten Gefahrengebiete liegen ausschließlich außerhalb des deutschen Hoheitsgebietes (12-Meilen-Zone) über der Nord- und Ostsee.

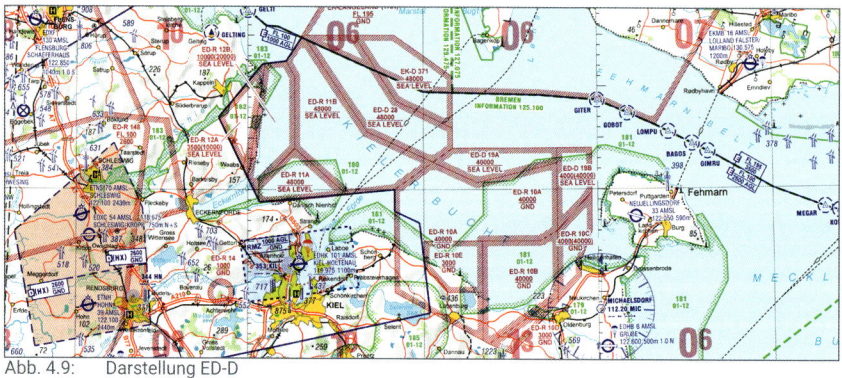

Abb. 4.9:   Darstellung ED-D

Zone mit Funkkommunikationspflicht:
Radio Mandatory Zone (RMZ)

Eine RMZ ist ein Element des Luftraums G und umgibt einen unkontrollierten Flugplatz, der nach dem Instrumentenflug-Verfahren angeflogen wird. Deshalb besteht in der Allgemeinen Luftfahrt die Pflicht zur Mitführung und Verwendung eines Sprechfunkgeräts[77]. Diese Zonen reichen vom Boden bis ~300 m (1.000 ft) AGL. Oberhalb befindet sich der abgesenkte kontrollierte Luftraum E.

Vor dem Aufstieg eines unbemannten Fluggeräts hat der Steuerer bei der zuständigen Flugplatzkontrollstelle per Anruf die Zustimmung einzuholen. Zur Flugplatzbegrenzung ist ein Abstand von 1,5 km einzuhalten.

Zone mit Transponderpflicht: Transponder Mandatory Zone (TMZ)

Eine TMZ[78] ist ein Teil des kontrollierten Luftraums E, in dem für alle Luftfahrzeuge das Mitführen und Verwenden eines sogenannten Transponders vorgeschrieben ist. Diese Zone soll den an- und abfliegenden Flugverkehr schützen. Die Hörbereitschaft des Flugfunks auf entsprechender Frequenz wird dringend empfohlen. Vor dem Aufstieg bzw. Einflug eines unbemannten Fluggeräts hat der Steuerer bei der zuständigen Flugplatzkontrollstelle per Anruf die Zustimmung einzuholen.

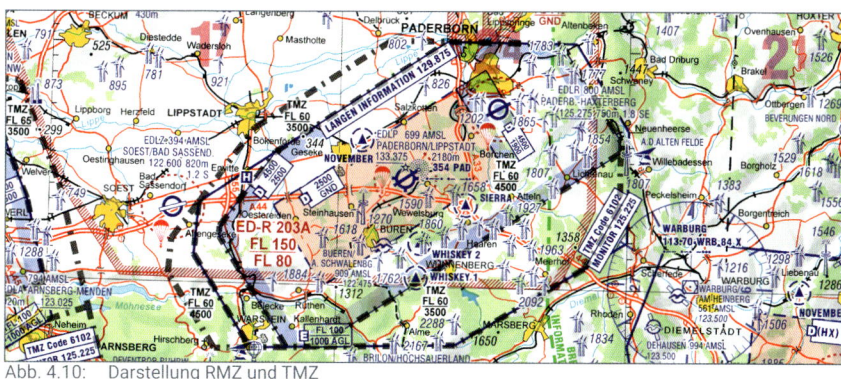

Abb. 4.10:   Darstellung RMZ und TMZ

Weitere Gebiete in denen nicht geflogen werden darf, sind so genannte No-Fly-Zones (kurz NFZ) oder No-Drone-Zones. Diese Gebiete spiegeln sich in den Verboten des § 21b wieder und werden im Kapitel Betriebsverbote erwähnt. Hier ist der Aufstieg verboten oder legal nur unter gewissen Reglementierungen möglich.

Flugplatzverkehrszone: Aerodrome Traffic Zone (ATZ)

Eine ATZ[79] ist ein Bereich des Luftraums, welcher einen unkontrollierten Flugplatz umgibt, um den Flugverkehr in seiner Umgebung zu schützen. In die ATZ darf nur zum An- oder Abflug des jeweiligen Flugplatzes eingeflogen werden, ein Durchflug ist nicht erlaubt. Es gelten die Sichtflugbedingungen und Wolkenabstände des entsprechenden Luftraumes, in dem die ATZ liegt.

Vor dem Aufstieg eines unbemannten Fluggeräts hat der Steuerer bei der zuständigen Flugplatzkontrollstelle per Anruf die Zustimmung einzuholen. Zur Flugplatzbegrenzung ist ein Abstand von 1,5 km einzuhalten.

Abb. 4.11:   Darstellung ATZ

Luftfahrtrelevante Vogelvorkommen

Diese ABA-Gebiete (Aircraft relevant bird areas) mit besonderem, erhöhtem Vogelaufkommen zu Rast- und Zugzeiten sind in der Luftfahrtkarte verzeichnet und räumlich sowie zeitlich begrenzt.

Steuerer von unbemannten Fluggeräten sollten diese Gebiete grundsätzlich meiden, da die erforderlichen Mindesthöhen zu anderen Regelverletzungen führen können.

Zudem gilt in Bereichen mit vielen Vögeln erhöhte Aufmerksamkeit: Insbesondere Greifvögel verteidigen ihre Nester und ihre Jungen. Beim Angriff auf das unbemannte Fluggerät können die Tiere verletzt werden und das Fluggerät abstürzen.

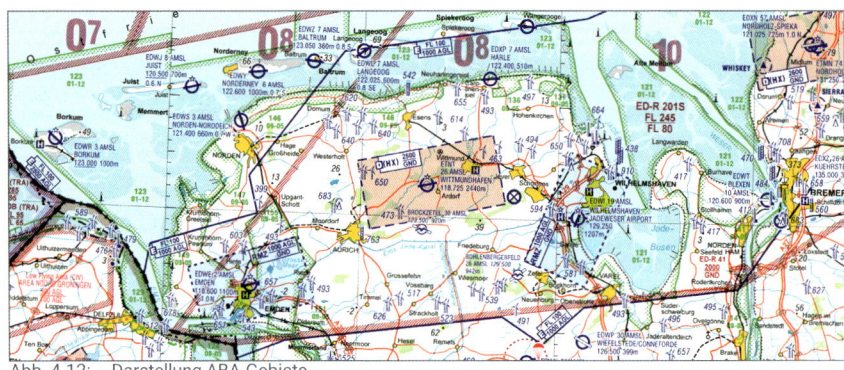

Abb. 4.12:   Darstellung ABA-Gebiete

Luftfahrtkarte

Die ICAO-Karte 1:500.000 ist die Standardkarte für die Durchführung von Flügen nach den Sichtflugregeln, erscheint jährlich und enthält alle wichtigen Flugsicherungsangaben wie z. B.:

> aktuelle Luftraumstruktur und Topografie
> Flugplätze mit Namen, Länge und Ausrichtung der Landebahn und Lage der Platzrunde
> Segelfluggelände, Gelände für Hängegleiter und Ultraleichtflugzeuge,
> Fallschirmabsprunggelände, Freiballonstartplätze
> Luftfahrthindernisse

Modellfluggelände werden in ICAO-Karten nicht dargestellt. Herausgeber der amtlichen Luftfahrtkarten ist die DFS Deutsche Flugsicherung GmbH.

Sie können die Karten im Luftfahrtbedarfshandel, bei Flugschulen, Vereinen, Verbänden und bei Büchereien erwerben.

Luftfahrthandbuch

Im Luftfahrthandbuch AIP VFR sind allgemeine Regeln und Verfahren im Detail beschrieben und Informationen für Flüge nach den Sichtflugregeln enthalten wie z. B.:

> Sichtflug- und Flugplatzkarten (Flugplätze) in alphabetischer Reihenfolge
> Regelungen und ergänzende Daten für Flughäfen, Landeplätze und Militärflugplätze mit ziviler Mitbenutzung

Änderungen bzw. Aktualisierungen erfolgen alle 28 Tage.

NOTAM/VFReBulletin

Es kann zu kurz- oder langfristigen Änderungen der Luftraumstruktur, vor allem Beschränkungen, kommen. So wird zum Beispiel beim Besuch des amerikanischen Präsidenten regelmäßig ein Flugverbot in einem bestimmten Radius (zuletzt in 2016: 30 NM, ca. 50 km um Messe Hannover)[80] um den Besuchsort eingerichtet. Eine solche Meldung kann jederzeit in Form eines NOTAM (Notice To Airmen; Nachrichten für Luftfahrer[1]) veröffentlicht werden. Da es sich hierbei um wichtige Informationen handelt und ein Aufstieg in einem temporär gesperrten Gebiet ein Sicherheitsrisiko darstellt, muss vor jedem Aufstieg nach aktuellen NOTAM recherchiert werden. Das VFReBulletin enthält alle relevanten NOTAM-Informationen für VFR-Flüge innerhalb Deutschlands. Auf der Seite **www.dfs-ais.de** können entsprechende eingesehen werden.

---

1   ACHTUNG: Verwechslungsgefahr! Diese Nachrichten für Luftfahrer entsprechen nicht den NfL!

Eine weitere Form der Veröffentlichung erfolgt, speziell bei international relevanten Änderungen ohne AIP-Veröffentlichung, durch Luftfahrtinfarmationsrundschreiben (AIC VFR, Aeronautical Information Circular).

Nachrichten für Luftfahrer (NfL)

Die Nachrichten für Luftfahrer, kurz NfL, sind Publikationen im Bereich der Luftfahrt und enthalten verbindliche Bekanntmachungen von Anordnungen sowie wichtige Informationen. Herausgeber ist die DFS Deutsche Flugsicherung GmbH. Es gibt zu vielen Verfahren für die Verwaltungen bspw. NfL zur einheitlichen Handhabe als interne Verwaltungsvorgabe oder auch Allgemeinverfügungen, die mittels NfL bekannt gegeben werden. Die für Drohnen zuletzt veröffentlichten NfLs sind u.a. folgende:

> **Nachrichten für Luftfahrer I 281/13 vom 26.12.2013:** Gemeinsame Grundsätze des Bundes und der Länder für die Erteilung der Erlaubnis zum Aufstieg von unbemannten Luftfahrtsystemen gemäß § 16 Absatz 1 Nummer 7 Luftverkehrs-Ordnung (LuftVO) (durch 1-786-16 ersetzt).

> **Nachrichten für Luftfahrer 1-786-16 vom 20.07.2016:** Neufassung der Gemeinsamen Grundsätze des Bundes und der Länder für die Erteilung der Erlaubnis zum Aufstieg von unbemannten Luftfahrtsystemen gemäß § 20 Absatz 1 Nummer 7 Luftverkehrs-Ordnung (LuftVO)

> **Nachrichten für Luftfahrer 1-1023-17 vom 12.05.2017:** Allgemeinverfügung zur Erteilung von Flugverkehrskontrollfreigaben zur Durchführung von Flügen mit Flugmodellen und unbemannten Luftfahrtsystemen in Kontrollzonen von Flugplätzen nach § 27d Abs. 1 LuftVG an den internationalen Verkehrsflughäfen mit DFS-Flugplatzkontrolle

> **Nachrichten für Luftfahrer 1-1163-17 vom 27.10.2017:** Gemeinsame Grundsätze des Bundes und der Länder für die Erteilung von Erlaubnissen und die Zulassung von Ausnahmen zum Betrieb von unbemannten Fluggeräten gemäß § 21a und § 21b Luftverkehrs-Ordnung (LuftVO)

 Weitere Publikationen in Form von Sonderdrucken, Gesetzen, AMCs usw. erhalten Sie über die Seite www.eisenschmidt.aero.

Frage 1: Welcher Luftraum ist in Deutschland nicht vorhanden?
- (A) Charlie ○
- (B) Echo ○
- (C) Xray ◉
- (D) Delta ○

Frage 2: Der Aufstieg einer Drohne ist ohne Flugverkehrskontrollfreigabe erlaubt in Luftraum ...
- (A) Delta. ○
- (B) Charlie. ○
- (C) Golf. ◉
- (D) Alpha. ○

Frage 3: In Luftraum Golf gelten die Regeln ...
- (A) VLOS ○
- (B) VFR ◉
- (C) IFR ○
- (D) BVLOS ○

Frage 4: Oberhalb von Luftraum Golf befindet sich Luftraum ...
- (A) Charlie ○
- (B) Delta ○
- (C) Echo ◉
- (D) Foxtrott ○

Frage 5: Der IFR-Verkehr wird u.a. durch ... kontrolliert.
- (A) die DFS ◉
- (B) die LLB ○
- (C) das LBA ○
- (D) das DLR ○

Frage 6: Innerhalb von 1,5 km zu einer Flugplatzbegrenzung ist der Aufstieg einer Drohne ...
- (A) bis 50 m erlaubt. ○
- (B) für Flugmodelle erlaubt. ○
- (C) für UAS erlaubt. ○
- (D) ohne Erlaubnis verboten. ◉

Frage 7: Was wird an internationalen Verkehrsflughäfen eingerichtet?

(A) Flugverbotszone

(B) TMZ

(C) Kontrollzone ●

(D) Sperrgebiet

Frage 8: Zivile Drohnen bewegen sich in der Regel ...

(A) im Luftraum Golf. ●

(B) im Luftraum Delta.

(C) im kontrollierten Luftraum.

(D) in speziellen Sperrgebieten.

Frage 9: Als Flugplätze werden auch ... angesehen.

(A) Modellfluggelände

(B) Hubschrauberlandeplätze ●

(C) Landeflächen von Fallschirmspringern

(D) Nichts davon

Frage 10: Militärflugplätze sind temporär aktiv, stimmt das?

(A) ja, immer dienstags

(B) nein

(C) ja, unterschiedlich ●

(D) keine der Antworten

Frage 11: Ein PIS ist ...

(A) ein Landeplatz für Hubschrauber. ●

(B) eine Software.

(C) ein Sicherungssystem.

(D) eine Störung.

Frage 12: EVLOS bedeutet/ist ...

(A) Betrieb außer Sichtweite.

(B) Betrieb in Sichtweite.

(C) Betrieb in erweiterter Sichtweite. ●

(D) eine Drohnenfirma.

Frage 13: In Luftraum Golf muss die Flugsicht unter einer Flughöhe von 3000 ft AMSL mindestens ... betragen.

(A) 1,5 km ●

(B) 5,0 km

(C) 8,0 km

(D) 2,5 km

Frage 14: In Luftraum G darf eine Drohne ...

(A) max. 70km/h fliegen.

(B) Wolken nicht berühren.

(C) nicht über 50m aufsteigen.

(D) nur elektrisch betrieben werden.

Frage 15: In einer Kontrollzone ist vor dem Start ...

(A) eine Flugverkehrskontrollfreigabe einzuholen.

(B) eine Einzelerlaubnis erforderlich.

(C) nichts zu unternehmen.

(D) bei der Polizei eine Erlaubnis zu beantragen.

Frage 16: Im Rahmen der Flugvorbereitung muss bezogen auf den Luftraum was abgerufen werden?

(A) NOTAM

(B) LuftVO

(C) MSA

(D) PIS Übersicht

Frage 17: Eine ATZ findet man in Deutschland ...

(A) an jedem Flugplatz.

(B) nur in Kontrollzonen.

(C) sehr selten bei unkontrollierten Flugplätzen.

(D) sehr oft an kontrollierten Flugplätzen.

Frage 18: Die Transponderpflicht besteht u.a. in der ...

(A) ATZ

(B) TMZ

(C) EDR

(D) NfL

Frage 19: In Luftraum Golf dürfen Wolken dürfen berührt werden.

(A) richtig

(B) falsch

Frage 20: In welchen Fällen müssen sie unverzüglich eine Meldung an die zuständige Flugverkehrskontrollstelle absetzen?

(A) Absturz

(B) Kontrollverlust

(C) Start

(D) Landung

Kapitel 5:
Luftrecht III – Abgrenzung Modell zu UAS

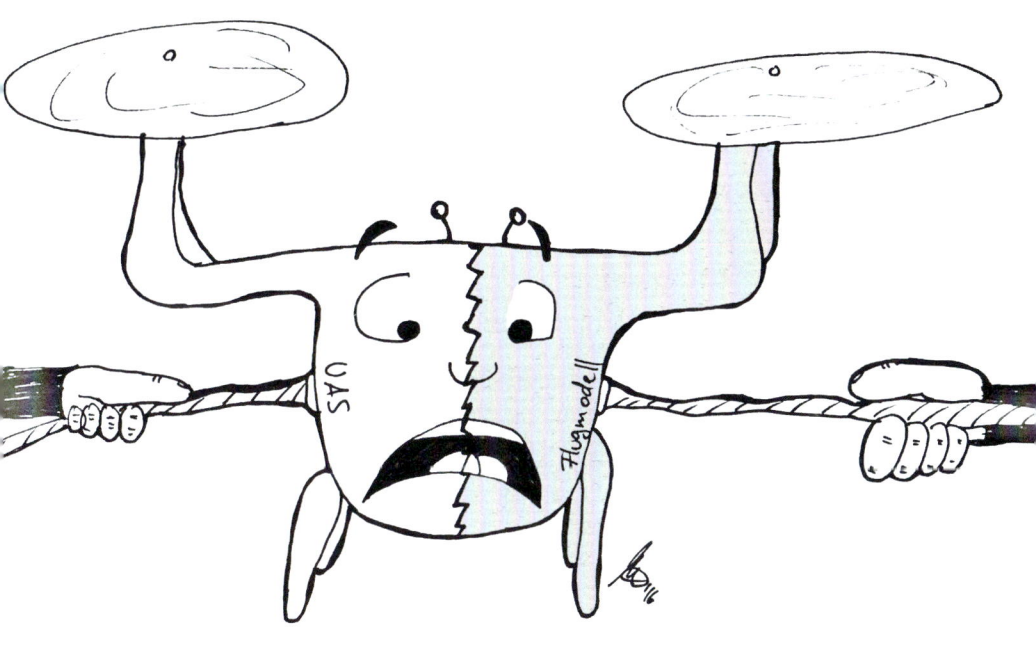

Ein großes – wenn nicht sogar das größte Problem – stellte nach altem Recht die Abgrenzung des Verwendungszweckes dar. Denn der jeweilige Zweck entschied, ob eine Aufstiegserlaubnis benötigt wurde oder der Betrieb ohne eine Genehmigung erfolgen konnte.[81] Auch nach neuem Recht, speziell für den Kenntnisnachweis und den Versicherungsschutz, ist die Abgrenzung nicht unerheblich, wenn auch die Erlaubnispflichten sich geändert haben: Für den Betrieb im Sport- und Freizeitzweck reicht der Kenntnisnachweis eines Luftsportverbandes gem § 21e LuftVO, für „sonstige" Nutzung wird der Nachweis einer anerkannten Stelle gem. § 21d LuftVO benötigt.

Sport- und Freizeitzweck: Flugmodell

Eine Drohne kann rechtlich ein Flugmodell sein oder auch ein unbemanntes Luftfahrtsystem darstellen.

„Ich habe mir so eine Drohne gekauft. Brauch ich eine Genehmigung für private Flüge?"

Entscheidend ist seit der Neuregulierung nicht mehr primär der allgemeine Verwendungszweck: Das Gewicht entscheidet. Dennoch wird im Luftverkehrsgesetz unterschieden:

Handelt es sich um den Sport- und Freizeitzweck[82], wird die Drohne rechtlich als Flugmodell gesehen. Dieser Betrieb dient ausschließlich der privaten Freizeitgestaltung oder ist im Bereich des (Modellflug-) Sports angesiedelt.[83]

Sonstiger Zweck: unbemanntes Luftfahrtsystem

Sofern man sein unbemanntes Fluggerät einschließlich seiner Kontrollstation nicht ausschließlich zu Zwecken des Sports oder der Freizeitgestaltung betreibt, so handelt es sich um einen sonstigen Zweck und rechtlich um ein unbemanntes Luftfahrtsystem. Der sonstige Zweck wird häufig als „gewerblicher Zweck" definiert, was leider nicht immer korrekt ist. Der sonstige Zweck ist nämlich deutlich breiter aufgestellt: So kann die Drohne auch im Bereich der Forschung eingesetzt werden, welche in der Regel primär keine finanziellen Absichten verfolgt. Der Klassiker ist hierbei natürlich der Einsatz zum Erstellen von Bildern und Videos aus der Vogelperspektive. Speziell im Bereich der Spielfilmproduktionen oder Dokus sind Luftaufnahmen kaum noch wegzudenken und der gewöhnliche Standard. Weitere Einsatzgebiete werden laufend entwickelt und ergänzen die bereits etablierten gewerblichen Möglichkeiten der Luftbilderstellung durch bspw.:

> Vermessung,
> Gutachten, z.B. durch Dachdecker,
> Baustelleninspektionen,
> Aufspüren und Vergrämung von Wildtieren,
> Suche von Lawinenopfern und Vermissten,
> Wartung von Photovoltaik- und Windkraftanlagen,
> Ermittlung von Brandherden
> uvm.

Der Einsatz ist also nicht nur für Fotografen und Filmemacher sinnvoll und richtungsweisend, sondern bietet auch Dachdeckern und Gutachtern gute Möglichkeiten zur Optimierung der betriebseigenen Abläufe.

Eine Gemeinsamkeit haben alle untergeordneten Betriebsmöglichkeiten des sonstigen Zweckes: Die Drohne wird rechtlich als unbemanntes Luftfahrtsystem gewertet, was speziell bei der Versicherung wichtig ist (viele Versicherer erwarten eine gewerbliche Zusatzversicherung, die sehr teuer ist).

„Da bin ich mir ziemlich sicher, dass

du keine Erlaubnis brauchst!"

In vielen Fällen benötigen Sie fortan durch die Neuregelungen keinerlei Erlaubnis mehr. Im Zweifel und vor einer „ich glaube das ist so in Ordnung"- Entscheidung sollte aber immer die Landesluftfahrtbehörde kontaktiert werden.

Abgrenzungsprobleme

Während in mancher Behörde bereits eine gewerbliche Nutzung vermutet wird, sobald eine Kamera an dem Multikopter verbaut ist und zum Einsatz kommt, so ist der Deutsche Modellfliegerverband (DMFV) mit einigen Bundesländern anderer Ansicht.

Laut dem Verbandsjustiziar Carl Sonnenschein, ist eine Kamera kein Indiz für eine kommerzielle Nutzung[84], was auch durch das Bundesministerium für Verkehr und digitale Infrastruktur (BMVI) hinlänglich bestätigt wurde.[85]

Allerdings kann ein unkommerzieller Fotoflug problemlos die Grenze des Sport- und Freizeitzweck überschreiten. Denn wie soll man eine Drohne rechtlich einordnen, die dazu genutzt wird, ein unentgeltliches Foto im Auftrag für einen Dritten zu erstellen? Und das vielleicht noch mehrmals? Es stellt sich die Frage, ob diese Gefälligkeiten tatsächlich im Rahmen der Sport- und Freizeitgestaltung stattfinden (können) oder man sich vielleicht doch bereits im Bereich des sonstigen Zwecks befindet. Bei einer gewissen Regelmäßigkeit und einer sehr professionellen Gestaltung und Umsetzung der Projekte, kann man sicher davon ausgehen.

Ebenso verhält es sich bei der Veröffentlichung der Bilder in sozialen Netzwerken, wie Facebook, YouTube, Vimeo, der eigenen Homepage usw. Auch hier ist nach Meinung des DMFV keine gewerbliche Nutzung zu vermuten.[86]

> *„Was ich auf Facebook mache, ist*
>
> *doch meine Privatsache.“*

Dies lässt sich aus Behördensicht auch in gewisser Weise unterschreiben, allerdings ist auch hier zu beachten, in welchem Rahmen die Veröffentlichung stattfindet. Generell kann nämlich auch hier bei z. B. einer privaten Facebookseite eines gewerblichen Fotografen die veröffentlichte Luftaufnahme anders bewertet werden, als die vom 14-Jährigen, der seinen Multikopter aufsteigen lässt und das damit erstellte Video per Upload der Welt zur Verfügung stellt. Sehr grenzwertig kann der Facebook- Upload werden, wenn die Bilder bspw. auf einer kommerziellen Facebook-Seite eines Fotografen veröffentlicht werden (also nicht auf seinem Privatprofil) oder wenn die Bilder von der Presse geteilt oder veröffentlicht werden- die Presse nutzt die Bilder in dem Fall gewerblich.

 Oft werden in den Videos fahrlässig Regeln des Luftrechts gebrochen, sodass ein Ordnungswidrigkeitenverfahren eingeleitet werden kann.

Da bisher nur neben dem Freizeitzweck der gewerbliche Zweck oder der Forschungszweck geprüft wurde, sollte man bei Flügen für Dritte mit wiederkehrender Regelmäßigkeit eine Erlaubnis bei der Luftaufsichtsbehörde anfragen.

 Bei Streitigkeiten um den Einsatzzweck steht der DMFV helfend zur Seite und bietet rechtliche Beratung an.[87]

Frage 1: Für Drohnen unter 5 kg mit Elektromotor ist eine Erlaubnis in den meisten Fällen ...

(A) nicht erforderlich. ◉
(B) erforderlich. ○
(C) nur für Flugmodelle erforderlich. ○
(D) nur für UAS erforderlich. ○

Frage 2: Ab 25 kg Gewicht ist der Betrieb ...

(A) ohne Sondererlaubnis erlaubt. ○
(B) verboten. ◉
(C) auf Feldern erlaubt. ○
(D) nicht erlaubnisfähig. ○

Frage 3: Drohnen werden gem. § 1 LuftVG unterschieden in Flugmodelle und

(A) unbemannte Luftfahrtsysteme. ◉
(B) Flugzeuge. ○
(C) unbemannte Luftfahrtgeräte. ○
(D) Spielzeug. ○

Frage 4: Ein Flugmodell wird angenommen, wenn der Einsatz ... erfolgt.

(A) zu Inspektionszwecken ○
(B) zu Forschungszwecken ○
(C) zu Sport- und Freizeitzwecken ◉
(D) für Behörden ○

Frage 5: In der Regel wird unpräziserweise von Antragstellern der sonstige Zweck als ... bezeichnet.

(A) Forschungszweck ○
(B) gewerblicher Zweck ◉
(C) Sport- und Freizeitzweck ○
(D) nichtgewerblicher Zweck ○

Frage 6: Flugmodelle dürfen auf Modellflugplätzen, je nach Modellflugplatzgenehmigung ...

(A) über 25 kg MTOW haben. ◉
(B) nur bis 50m Höhe aufsteigen. ○
(C) keine Multikopter sein. ○
(D) keine Luftbilder erstellen. ○

Kapitel 6: Luftrecht IV – Erlaubnispflichten für eine zivile Drohne

Wie bereits erwähnt, ist in vielen Fällen keine Erlaubnis mehr erforderlich, da die Neuregelung der LuftVO eine erhebliche Liberalisierung für UAS mit sich gebracht hat.

Gemäß § 21a Abs. 1 Nummer 1-5 LuftVO ist lediglich eine Genehmigung erforderlich für Aufstiege von Drohnen:

> über 5 kg Abflugmasse,

> mit Raketenantrieb, sofern der Treibsatz mehr als 20 Gramm beträgt,

> mit Verbrennungsmotor mit weniger als 1,5 km Entfernung zu Wohngebieten,

> aller Art in einem Umkreis von weniger als 1,5 km zu Begrenzungen von Flugplätzen; auf Flugplätzen bedarf der Betrieb von Flugmodellen darüber hinaus der Zustimmung der Luftaufsichtsstelle oder der Flugleitung,

> bei Nacht im Sinne des Artikels 2 Nr. 97 der Durchführungsverordnung (EU) Nr. 923/2012.

Ergänzend zu der Aufführung muss man die o.g. Punkte kurz erläutern.

Die Abflugmasse (TOW) ist das tatsächliche Gewicht des Flugmodells (inkl. Akku oder Tankfüllung und sämtlichem verbauten Zubehör beim Start) und darf nicht mit dem zulässigen Startgewicht (MTOW) verwechselt werden. Dieses entspricht nämlich dem Gewicht, mit dem das Gerät vom Hersteller aus maximal starten dürfte, bzw. kann. Das so genannte TOW ist also das Gewicht, mit dem die Drohne aktuell in der Luft ist und nicht, was theoretisch gemäß der Betriebsanleitung möglich wäre. In der Regel sind die Maximalwerte von Seiten der Hersteller angepasst und belaufen sich z. B. beim DJI Inspire RAW in der Standardkonfiguration auf 3,5 kg.[88] Ein Blick in die Gebrauchsanweisung bringt Licht ins Dunkel. Auf den Internetauftritten der Hersteller sind die Payloads (mögliche, zusätzliche Ladung) ebenfalls ersichtlich.

 Bestimmen Sie das Gewicht vor jedem Aufstieg mit Extraladung. Sicher ist sicher. Bei Standardkonfigurationen ist dies natürlich nicht nötig.

Der Raketenantrieb und der Verbrennungsmotor sind Antriebe, die ein erhöhtes Gefahrenpotential und einen höheren Geräuschpegel mit sich bringen. Daher werden diese Geräte im Bereich des Sicherheits- und Ordnungsgedanken reglementiert.

Ein brennendes Gerät, welches auf ein Wohnhaus oder einem Wald verunglückt und Flüssigkeit verliert, bringt einen schwer kalkulierbaren Schaden mit sich.

Ein Quadrokopter zum Beispiel hat vier Motoren, die Propeller antreiben. Dies geschieht nicht lautlos, sondern verursacht vor allem im Steigflug Lärm. Die meisten Hersteller haben keine offiziellen Zahlen in den Handbüchern veröffentlicht, lediglich die Firma Microdrones hat folgende Referenzwerte für den md4-1000 Quadrokopter veröffentlicht:

Flughöhe in Metern	Dezibel
3	71
50	44,2
100	37,8

Abb. 6.1:   Dezibelpegel nach Höhe (Quelle: nach microdrones)

In Internetforen finden sich einige Beiträge zu dem Thema Lautstärke. Eine Erhebung mit einem professionellen Dezibelmesser wurde von einem User auf **reddit.com** vorgenommen, welche folgende Werte bei einer vertikalen Entfernung von etwa 1,5 m und entsprechenden Höhen ergab:[89]

Höhe (in ft)	Höhe (in m)	Lautstärke (in db)	Referenz	Empfinden
10	≈ 3	73	Laute Unterhaltung, Rufen, PKW (5m)	laut
50	≈ 15	58,5		
100	≈ 30	54,5	Unterhaltung in 1m Entfernung, Bürolärm	normal bis laut
200	≈ 61	49,5		
300	≈ 91	45		
400	≈ 122	43	Mittlere Wohngeräusche	leise

Abb. 6.2:   Dezibelpegel nach Höhe (Quelle: nach kperkins1982 (2016))

Aus diesen Messungen ergibt sich, dass die Lautstärke beim gewöhnlichen Betrieb kleiner Drohnen wie der P4 im Bereich zwischen 45 und 73 db liegt und als normal bis laut oder gar „störend"[90] empfunden wird.[1] Vor allem im bodennahmen Betrieb werden Schallpegel eines PKW erreicht. Das führt zwar nicht zu gesundheitlichen Schädigungen, kann aber sicherlich als Lärmbelästigung wahrgenommen werden. Im Regelbetrieb ist aber generell mit geringer Lärmbelästigung zu rechnen.[91]

---

1   Zum Vergleich: bei einem DJI Inspire wird eine Lautstärke von 55-65 db laut Nachfrage bei DJI beim Hovern/Steigen angenommen.

Flugplätze und Flughäfen haben, wie bereits ein paar Kapitel zuvor erläutert, ein hohes Schutzbedürfnis, da sich hier die bemannte Luftfahrt befindet. Zur Erinnerung:

1. Es gilt ein Flugverbot innerhalb eines Abstandes von 1,5 km zur Flugplatzbegrenzung.[92] Hierzu zählen auch Hubschrauberlandeplätze bei Krankenhäusern. Auch wenn nicht alle Krankenhäuser über zugelassene Landeplätze für Hubschrauber gem. § 6 LuftVG verfügen, haben viele Einrichtungen so genannte PIS: Public Interest Site. Ein PIS ist eine Sonderlandestelle und kann auch als Landeplatz angesehen werden. Problematisch ist, dass in den Luftfahrerkarten PIS nicht aufgeführt werden. Aus diesem Grund ist der Gesetzgeber dazu übergegangen ein generelles Aufstiegsverbot über Krankenhäusern und im Umkreis von 100m zu erlassen (siehe Kapitel Verbote). Unberührt bleiben hier aber die 1,5 km zu genehmigten Landeplätze bestimmter Krankenhäuser. Berücksichtigen Sie in Ihrer Flugplanung also alle Krankenhäuser und haben Sie ein offenes Auge, wenn Sie in der Nähe fliegen.

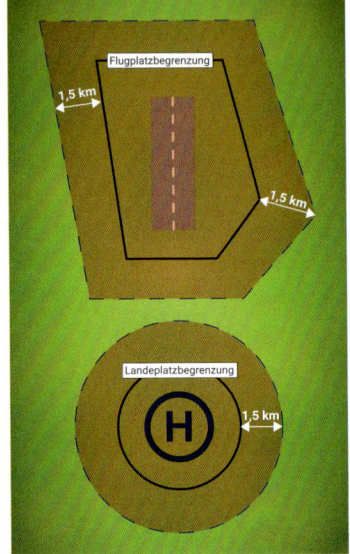

2. Speziell Verkehrsflughäfen und militärische Flugplätze haben eine Kontrollzone, welche den 1,5km Abstand zur Flugplatzbegrenzung deutlich übersteigt.

Abb. 6.3:   Regelungen für Flughäfen/ plätze und Hubschrauberlandeplätze

3. Vor einem Aufstieg innerhalb der Kontrollzone ist eine Flugverkehrskontrollfreigabe zwingend erforderlich.[93] Hierzu gibt es allerdings eine Allgemeinverfügung der DFS (hierzu später mehr).

4. Zusätzlich muss eine Einzelerlaubnis der zuständigen Luftfahrtbehörde eingeholt werden.[94] Diese bringt bspw. viele Rechte und Pflichten mit sich. Im folgenden Kapital wollen wir auf diese im Detail eingehen.

Für Nachtflüge besteht ebenfalls eine Erlaubnispflicht. Als Nacht definiert SERA: „´Nacht´: die Stunden zwischen dem Ende der bürgerlichen Abenddämmerung und dem Beginn der bürgerlichen Morgendämmerung. Die bürgerliche Dämmerung endet am Abend und beginnt am Morgen, wenn sich die Mitte der Sonnenscheibe 6° unter dem Horizont befindet."[95] Sollten Sie nun genauso schlau wie vorher sein, so nehmen Sie die Faustregel der „blauen Stunde". Diese besagt, dass man so lange fliegen kann, wie der Himmel noch blau ist und nicht schwarz.

Sobald das Blau des Himmels den Grad „Dunkelblau" erreicht hat, sollten Sie den Betrieb einstellen. Gehen Sie hier eher konservativ vor, um eine Ordnungswidrigkeit zu vermeiden.

Nach altem Recht waren Nachtflüge allgemein untersagt, konnten aber in einigen Bundeländern per Einzelerlaubnis genehmigt werden. Hierfür mussten die Geräte oft mit zusätzlicher Beleuchtung ausgestattet werden. Maßgebliche Regelungen hierfür finden Sie in der europäischen Verordnung, der SERA 3215. Gemäß der Verordnung hat das Luftfahrzeug vorne links eine rote Beleuchtung mit einem Abstrahlwinkel von 110° und einer Lichtstärke von mindestens 5 Candela haben. Für die rechte Seite ist eine grüne Lichterführung mit gleichen Werten erforderlich. Am Heck der Drohne muss gem. SERA eine weiße Beleuchtung mit einem Abstrahlwinkel von 140° und einer Lichtstärke von mindestens 5 Candela vorhanden sein. Zusätzlich muss noch weiß blinkendes Antikollisionslicht installiert werden.

Abb. 6.4:   SERA Beleuchtung für Nachtflüge

Da diese Beleuchtungsvorgaben für Konsumentendrohnen wie die DJI Phantom kaum zu realisieren sind, ohne die Garantieansprüche und den Versicherungsschutz zu verlieren, wird oft hiervon abgewichen und die normale Beleuchtung als ausreichend angesehen. Entsprechend gilt nach der neuen NfL 1-1163-17, dass ein Nachtflug nur durchgeführt werden darf, wenn:

1. die Beleuchtung des Fluggeräts in Abhängigkeit von der Entfernung zwischen Steuerer und Fluggerät jederzeit die Position und die Fluglage für den Steuerer erkennen lässt und

2. das Fluggerät ausreichend für eine Erkennbarkeit durch die bemannte Luftfahrt gekennzeichnet ist und

3. sichergestellt ist, dass eine von der Stromversorgung des Fluggeräts unabhängige Beleuchtung vorhanden ist, die die Erkennbarkeit der Position des Fluggeräts für den Steuerer und andere Luftverkehrsteilnehmer auch dann ermöglicht, wenn die bordseitige Beleuchtung ausfällt. Sofern eine von der Stromversorgung des Fluggeräts unabhängige Beleuchtung nicht vorhanden ist, ist bei Ausfall der Beleuchtung der Flugbetrieb unverzüglich einzustellen bzw. das vorab festgelegte Notfallverfahren einzuleiten. Ein Betrieb bei Nacht ist ausgeschlossen, wenn ein oder mehrere Verbote des § 21b Absatz 1 Satz 1 LuftVO zur Anwendung kommen. Das gilt auch dann, wenn eine oder mehrere Ausnahme(n) von den Betriebsverboten allgemein zugelassen wurde(n).

Alternativ kann aber auch eine Nachrüstung von Beleuchtungselementen gefordert werden. Fragen Sie in Ihrer Landesluftfahrtbehörde nach den Kriterien.

Frage 1: Als MTOW bezeichnet man ...

(A) die Steuereinheit. ○

(B) das maximale Abfluggewicht. ◉

(C) die Motorenanzahl. ○

(D) das tatsächliche Abfluggewicht. ○

Frage 2: Ab welchem Gewicht ist eine Erlaubnis für eine Drohne Pflicht?

(A) ab 2 kg. ○

(B) ab 5 kg. ◉

(C) ab 10 kg. ○

(D) ab 25 kg. ○

Frage 3: Drohnen mit Verbrennungsmotor können ab ... zu Wohngebieten erlaubnisfrei betrieben werden.

(A) 500m ○

(B) 1 km ○

(C) 1,5 km ◉

(D) 5 km ○

Frage 4: Welche Distanz zu Flugplätzen ist einzuhalten, damit keine Erlaubnis erforderlich ist?

(A) 1,0 km ○

(B) 1,5 km ◉

(C) 10 km ○

(D) 15 km ○

Frage 5: Wo ist die Nacht geregelt?

(A) LuftVG ○

(B) SORA ○

(C) SERA ◉

(D) LuftVZO ○

Frage 6: Wieviel Grad muss die Sonne hinter dem Horizont sein, damit man von der Nacht spricht?

(A) 6° ◉

(B) 12° ○

(C) 7° ○

(D) 10° ○

Frage 7: Wo soll sich nach SERA die rote Beleuchtung befinden?

(A) hinten links

(B) vorne links ●

(C) vorne rechts

(D) hinten rechts

Frage 8: Welche Beleuchtung soll sich oben und unten an der Drohne befinden

(A) rote Beleuchtung

(B) grüne Beleuchtung

(C) weiße Beleuchtung

(D) weißes Blinklicht ●

Frage 9: Sie beobachten ein bemanntes Luftfahrzeug sehr tief fliegend. Sie erkennen rechts ein rotes und links ein grünes Positionslicht. In welche Richtung fliegt es?

(A) Auf mich zu ●

(B) Von mir weg.

(C) Nach links.

(D) Nach rechts.

Kapitel 7: Luftrecht V – Die Aufstiegserlaubnis für Drohnen in Niedersachsen

Die 16 Bundesländer haben die Hoheit der landeseigenen Erlaubnis für unbemannte Fluggeräte. Das heißt im Detail, dass jedes Bundesland bei der Umsetzung der LuftVO und NfLs sein eigenes Süppchen kocht. Eine Harmonisierung wird mit den „Gemeinsamen Grundsätzen" als Handlungsrahmen für die Erlaubniserteilung angestrebt. Doch welche Arten von Erlaubnisse gibt es und welche erforderlichen Dokumente müssen der Behörde beigebracht werden?

Abb. 7.1:   Viel Schreibarbeit bei der Antragsstellung (Quelle: shutterstock.com)

Im Folgenden soll ein Einblick gegeben werden, welche Dokumente Sie in Niedersachsen beibringen müssen. Niedersachsen als Referenz liegt nah, da hier die Kriterien sehr umfangreich sind.

Bei der Genehmigung gilt es vorab zu unterscheiden, ob der geplante Einsatz einmalig sein wird oder eine allgemeine Betriebserlaubnis (langfristig) angestrebt wird. Die Behörden entscheiden zudem, ob eine allgemeine Betriebserlaubnis erteilt werden kann oder nur eine Einzelerlaubnis in Frage kommt.[96] Grundlage ist unter anderem, dass keine Betriebsverbote nach § 21b LuftVO entgegenstehen.

Hierbei ist vor allem für Inhaber einer „alten" Erlaubnis zu beachten, dass vor dem 7. April 2017 erteilte Erlaubnisse weiterhin gültig bleiben, solange sie nicht von der zuständigen Behörde widerrufen werden.[97] Dieser Widerruf des Verwaltungsaktes steht im Ermessen der Behörde und kann z. B. damit begründet werden, dass Einsätze nach altem Recht nun eine verbotene Nutzung nach § 21b LuftVO darstellen würden. Das bedeutet ferner, dass Dinge, die bereits nach altem Recht geregelt waren (z.B. Abstand zu Verkehrswegen, Betrieb bis 100 m Höhe in Kontrollzonen mit Freigabe usw.) nicht oder nicht vollumfassend von den Verboten des § 21b erfasst sind, sofern die Erlaubnis nicht vom Bundesland widerrufen wird. In Niedersachsen findet ein Widerruf nicht statt.[98]

Allgemeine Betriebserlaubnis gemäß § 21a LuftVO

Die allgemeine Betriebserlaubnis (auch Allgemeinerlaubnis genannt) gestattet dem Inhaber den dauerhaften Betrieb einer Drohne im jeweiligen Befristungszeitraum. Der Umfang richtet sich nach den „Gemeinsamen Grundsätzen" des Bundes und der Länder , die in den Nachrichten für Luftfahrer, kurz NfL, veröffentlicht werden.

Wichtige Grundvoraussetzung für eine allgemeine Betriebserlaubnis ist, dass das Gerät elektrisch betrieben wird und ein maximales Abfluggewicht von 25kg nicht übersteigt.[99]

Falls Sie noch kein Gerät erworben haben sollten: Die beliebtesten Geräte von z. B. DJI, Yuneec oder Parrot sind weit unter 25 kg, meist sogar unter 5 kg Abfluggewicht. Das Abfluggewicht vom DJI Phantom liegt bspw. bei etwa 1,3kg, eines DJI Inspire bei ca. 3,4 kg und des S1000 je nach Zubehör bei etwa 9,0 kg.

Die Befristung der allgemeinen Betriebserlaubnis in Niedersachsen ist bei Ersterteilung auf ein Jahr festgesetzt, darf aber generell maximal 2 Jahre betragen.[100] Die Erlaubnis erzeugt Verwaltungsgebühren von ca. 150,00 € und kann um jeweils zwei Jahre verlängert werden, sofern der Antrag auf Verlängerung vor Ablauf der Erlaubnis gestellt wird. Die Verwaltungskosten betragen für eine Verlängerung regelmäßig 75,00 € und für Änderungen (z. B. Nachtrag eines Steuerers) ca. 30,00 €. Eine Anerkennung von Erlaubnissen anderer Bundesländer findet nicht statt.

„In Bremen habe ich nichts bezahlt."

Bitte beachten Sie hier auch die Unterschiede der Bundesländer. Denn in Nordrhein-Westfalen bspw. hat zuletzt die erste Erlaubnis bereits eine zweijährige Laufzeit, verursachte aber dafür Verwaltungsgebühren von 250,00 € und wird nicht vergünstigt verlängert. In NRW konnte dafür eine andere Erlaubnis für nur 50,00 € anerkannt werden.

Im Süden (und in Bremen) wird vermehrt von der Allgemeinverfügung Gebrauch gemacht. Hier reicht das Ausfüllen eines Formulars und nach 3 Tagen gilt die Verfügung für den Steuerer als rechtskräftig. Es entsteht wenig Verwaltungsaufwand und keine Kosten.[101]

In den anderen Bundesländern wird eine Betriebserlaubnis gefordert. Neben dem Antragsformular können folgend genannte Unterlagen benötigt werden.

Erforderliche Dokumente und Beantragung

Das Wichtigste ist der Antrag an sich. Ein Formular kann auf der Homepage der Landesluftfahrtbehörde Niedersachsen heruntergeladen werden. Die entsprechende Internetadresse für den Antrag auf Erteilung ist: **www.luftverkehr.niedersachsen.de**. Diese Informationen sollten darin enthalten sein:

> Name und Anschrift (des Unternehmens, inkl. Unternehmensform),

> Angaben zum gesetzlichen Vertreter (als Kostenschuldner),

> Daten aller Steuerer (Geburtsdaten und Anschriften),

> Angaben zu dem unbemannten Luftfahrtsystem (Anzahl der Antriebe und die Art des Antriebes),

> Angaben zur Versicherung und der Deckungssumme,

> Angaben zum geplanten Einsatzzweck des unbemannten Luftfahrtsystems,

> Erklärung der Einhaltung des Datenschutzes und weiterer Schutzrechte (Lärm, Natur und Persönlichkeitsrechte).[102]

Diese Angaben sind die Mindestanforderung, damit die Erlaubnis erteilt werden kann und es keine Nachfragen von Seiten der Behörde gibt. Merke: Je weniger nachgefragt werden muss, desto schneller ist die Erlaubnis bearbeitet und erteilt.

Einen vorgefertigten Antrag finden Sie bei fast allen Landesluftfahrtbehörden. Nutzen Sie diese, um nichts zu vergessen und den föderalen Anforderungen gerecht zu werden.

Zusätzlich sind diverse Nachweise zu erbringen, welche die Angaben des Antrages festigen sollen. Auch hier wird es in den einzelnen Bundesländern unterschiedlich gehalten und eine klärende Rückfrage bei der zuständigen Behörde ist ratsam. In Niedersachsen sind folgende Unterlagen zu erbringen:

> Versicherungsnachweis in Form der Police,

> ggf. Technisches Datenblatt,

> Auszug aus dem Vereins-, Handels- oder Genossenschaftsregister bei juristischen Personen und Gesellschaften des Handelsrechts,

> Einsatzzweck des UAV und ein

> Kenntnisnachweis für Geräte ab 2 kg Abfluggewicht, bei Nacht oder bei einer Sondererlaubnis – ggf. eine Risikobewertung gem. SORA (nicht beim vereinfachten Verfahren)

Um etwas genauer auf die Unterlagen einzugehen, werden im Folgenden die Begriffe und damit verbundenen Inhalte genauer erläutert.

Der Versicherungsnachweis bezeugt die von Ihnen gemachten Angaben im Antrag und gibt Einblick in den tatsächlichen Umfang des Versicherungsschutzes. Genauer bedeutet das, dass mit der eingereichten Versicherungspolice überprüft werden kann, ob gewerbliche Flüge mitversichert sind und ob die Deckungssumme den gesetzlichen Voraussetzungen entsprechend ist.

Sparen Sie bei der Versicherung nicht am falschen Ende. In Anbetracht der Anschaffungskosten Ihres Kopters darf die Mindestversicherungssumme ruhig 1,5 Millionen Euro oder höher sein.

Viele private Haftpflichtversicherungen greifen bei unbemannten Fluggeräten nicht.[103] Ein kurzer Anruf beim Versicherer bringt hier Klarheit.

Sofern Ihre private Haftpflichtversicherung auch den Betrieb von Flugmodellen (in der Regel bis zu 5 kg Abfluggewicht, elektrobetrieben) abdeckt, sollten Sie je nach Einsatzzweck nachfragen, ob auch (1) gewerbliche und/oder (2) Fotoflüge mitversichert sind. Gehen Sie hier auf Nummer sicher, damit Sie im Schadensfall nicht persönlich in die Haftung genommen werden können. Lassen Sie sich daher auch eine schriftliche Bestätigung geben.

Da die meisten privaten Haftpflichtversicherungen keine Drohnenflüge mit im Portfolio haben, muss eine spezielle Versicherung abgeschlossen werden.[104] Hier gibt es bereits eine breite Masse von Anbietern.[105]

Vor Abschluss eines Versicherungsvertrages (Kosten sind bei den unterschiedlichen Anbietern recht ähnlich) sollten Sie sich Gedanken über den Einsatz des Gerätes machen: Für Modellflieger muss lediglich eine Abdeckung privater Flüge gewährleistet sein. Sollten Sie also nur im Sinne des Sport- und Freizeitzwecks unterwegs sein, reicht eine Versicherung für Flugmodelle völlig aus. Die Beiträge sind hier deutlich geringer als bei gewerblichen Versicherungen. Sollten Sie eine Aufstiegserlaubnis beantragen wollen, wird in der Regel ein sonstiger bzw. gewerblicher Zweck angenommen, sodass eine entsprechend angepasste Versicherung abgeschlossen werden muss.

Speziell beim Betrieb von unbemannten Luftfahrtsystemen kann der Versicherungsschutz durch entsprechende Zusatzversicherungen stark eingeschränkt sein. Diese Zusatzversicherung deckt zwar gewerbliche Flüge ab, aber keine „Film,- Foto-, Überwachungs- sowie Sprühflüge kommerzieller Art. Vor Abschluss eines Vertrages sollten die versicherten Wagnisse genau kontrolliert werden.

Sollte eine Erlaubnis für Flugmodelle angestrebt werden, reicht also die Abdeckung privater Flüge. In allen anderen Fällen (Gewerbe, Forschung etc.) sollte eine „gewerbliche" Versicherung abgeschlossen werden. Wenn man die beantragte Erlaubnis erlangt hat, muss man die Versicherungspolice bei allen Einsätzen des Gerätes in Original oder Kopie mit sich führen und auf Verlangen den Vertretern der Luftfahrtbehörde, der Polizei, des Ordnungsamtes oder sonstiger betroffenen Stellen vorzeigen.[106]

 Einige Versicherungen sind Personenbezogen, andere auf ein bestimmtes Modell festgelegt. Achten Sie auf die für Sie richtige Option!

 Achtung Falle: Wenn Sie sich ein neues Gerät zulegen, muss dieses auch versichert werden. Viele Versicherungen laufen nur auf ein bestimmtes Gerät oder eine Seriennummer.

Das technische Datenblatt gibt dem Sachbearbeiter die Möglichkeit der Einsichtnahme in die technischen und betrieblichen Daten des Gerätes. Die technischen Rahmendaten sind mitunter für die Bewilligung des Antrages sehr wichtig.. Aus dem Datenblatt kann entnommen werden, wie hoch das maximal zulässige Abfluggewicht des Systems ist, auf welchen Frequenzen der Betrieb erfolgt und welche Sicherheitsvorrichtungen (z. B. Failsafe etc.) vorhanden sind.

Sofern das unbemannte Luftfahrtsystem gewerblich betrieben werden soll, muss als Anlage ein/e Registerauszug/ Gewerbeanmeldung beigefügt werden. Für die Verwaltung ist es wichtig einen Kostenschuldner zu ermitteln. Der Kostenschuldner ist der Geschäftsführer der Firma oder der Vereinsvorsitzende, welcher gegenüber der Behörde haftbar gemacht wird. Zudem wird hiermit auch die Korrektheit der Adresse und weiterer Daten überprüft.

Unter dem Zweck ist zu verstehen, dass der Behörde mitgeteilt werden muss, welche Art der Nutzung erfolgen soll, also z.B. Luftbilder, Vermessungen, Forschung, Inspektion usw.

Der praktische Kenntnisnachweis / Befähigungsnachweis war bis zur Einführung der Drohnen-Verordnung durch verschiedene Optionen vorlegbar:

> Einweisung durch den Händler
> Besuch einer Schulung mit anschließender praktischer Prüfung
> Mitgliedschaft im Modellflugverein
> Inhaber einer Pilotenlizenz
> Erlaubnis eines anderen Bundeslandes
> Vorflug bei Behörde (Hamburg und Sachsen-Anhalt)
> Selbstbeurkundung[107]

Um im Bereich der Kenntnisnachweise Klarheiten zu schaffen, wurde durch den Verordnungsgeber nun folgendes festgelegt: Steuerer von unbemannten Fluggeräten mit einer Startmasse von mehr als zwei Kilogramm müssen seit dem 1.10.2017 auf Verlangen Kenntnisse in

1. der Anwendung und der Navigation dieser Fluggeräte,

2. den einschlägigen luftrechtlichen Grundlagen und

3. der örtlichen Luftraumordnung nachweisen.[108]

Hier wird klargestellt, welches Wissen vorhanden sein muss. Wenn Sie dieses Buch gelesen haben, sollten Sie über eigentlich alles Bescheid wissen.

Die Navigation ist bei üblichen Geräten problemlos möglich, da diese in Sichtweite betrieben werden oder über das Display die navigatorischen Daten liefern. Einige Grundlagen werden in diesem Buch vermittelt.

Über die einschlägigen luftrechtlichen Grundlagen nach 2.) werden Sie vermutlich verfügen, wenn Sie mit der Lektüre dieses Buches fertig sind. Natürlich können Sie zusätzlich noch eine Schulung besuchen, um dieses Wissen zu festigen. Ob dies nötig ist, müssen Sie selbst entscheiden.

Die Kenntnisse der örtlichen Luftraumordnung nach 3.) erfahren Sie an mehreren Stellen in diesem Buch. Nutzen Sie für Ihre Planungen am besten Luftfahrtkarten ICAO 1:500.000 oder alternativ die App der DFS Deutschen Flugsicherung. Für Ihr Heimatgebiet sollten Sie sich eine Luftfahrtkarten ICAO 1:500.000 anschaffen und diese auch lesen können.

Ausgenommen von dem Kenntnisnachweis sind Geräte, die auf Modellflugplätzen betrieben werden, wenn ein Flugleiter bestimmt ist.[109]

Hier gilt die jeweilige Erlaubnis des Platzes. Mit dieser Regelung sollen dem Modellflugsport keine Steine in den Weg gelegt werden. Da Sie aber vermutlich Ihre Drohne außerhalb eines Modellfluggeländes betreiben wollen, müssen Sie einen Kenntnisnachweis haben.

Der Kenntnisnachweis ist generell für Geräte ab 2 kg erforderlich. Bei der Antragstellung ist er vorzulegen, ohne Betriebserlaubnis nur auf Verlangen der Polizei oder andere Kontrollorgane.

Ihre Kenntnis können Sie durch drei verschiedene Möglichkeiten nachweisen, nämlich durch

1. eine gültige Erlaubnis als Luftfahrzeugführer oder eine beglaubigte Kopie derselben,

2. eine Bescheinigung über eine bestandene Prüfung von einer nach § 21d vom Luftfahrt- Bundesamt anerkannten Stelle oder

3. eine Bescheinigung über eine erfolgte Einweisung durch einen beauftragten Luftsportverband oder einen von ihm beauftragten Verein nach § 21e, soweit die Erlaubnis zum Betrieb eines Flugmodells beantragt wird.[110]

Um diese Regelungen klarer darzustellen, werden die einzelnen Punkte etwas ausführlicher beschrieben.

Anstatt 1.) „gültige Erlaubnis als Luftfahrzeugführer" kann man auch Pilotenlizenz sagen. So stellt das BMVI fest: „Bei Piloten wird die nötige Kenntnis vorausgesetzt. Es erscheint unverhältnismäßig (...) einen weiteren Nachweis zu verlangen, da der Inhaber der Erlaubnis in jedem Fall über ausreichende theoretische Kenntnisse verfügt und damit hinreichend sensibilisiert ist."[111]

Haben Sie also bereits die Befähigung ein „echtes" Luftfahrzeug zu steuern, brauchen Sie keinen zusätzlichen Nachweis. Dies gilt übrigens auch für den erweiterten Kenntnisnachweis.

In allen anderen Fällen müssen Sie eine der folgenden zwei Möglichkeiten nutzen. Wichtig ist dabei vor allem die Unterscheidung des Einsatzzweckes und eine saubere Abgrenzung zwischen dem Sport- und Freizeitzweck und dem sonstigen Zweck, bzw. zwischen Flugmodell und unbemanntem Luftfahrtsystem. Für beide Arten ziviler Drohnen kann ein Nachweis nach 2.) erbracht werden und nur für Flugmodelle, bzw. privat genutzte Drohnen der Nachweis nach 3.). Wenn auch sonst beide Arten recht ähnlich in der rechtlichen Betrachtung gesehen werden, so trennt sich hier quasi die Spreu vom Weizen.

Nach 2.) kann der Steuerer seinen Kenntnisnachweis durch eine bestandene Prüfung von einer vom LBA anerkannten Stelle erbringen. Der Kenntnisnachweis wird künftig nach Bestehen einer Prüfung durch eine gem. § 21d Abs. 2 LuftVO vom LBA anerkannten Stelle in Form einer Bescheinigung erbracht und gilt fünf Jahre.

Der Kenntnisnachweis muss folglich alle 5 Jahre erneuert werden. Die Befristung auf fünf Jahre stellt sicher, dass eine „Auffrischung der Kenntnisse unter Berücksichtigung neuer technischer Entwicklungen und möglicher neuer (europa-) rechtlicher Rahmenbedingungen stattfindet."[112]

Die zu anerkennende Stelle muss bei Beantragung der Anerkennung nachweisen, dass der Prüfungsumfang geeignet ist, um eine entsprechende Qualifikation des Steuerers zu ratifizieren. Die Stellen müssen nach § 21d Abs. 2 Satz 2 LuftVO über geeignete Prüfungsräumlichkeiten verfügen, eine Beschreibung vorlegen und zudem „die Prüfungsverfahren und die der Prüfung vorausgehende Ausbildung (...) beschreiben. Besondere Beachtung finden dabei die Verfahren zur Vermeidung von Täuschungen".[113] Zusätzlich müssen Informationen über die Organisationsstruktur[114] und die Qualifikation des Schulungspersonals gegeben werden. Mehr zum Thema „Anerkannte Stelle finden Sie in gleichnamigem Kapitel.

Eine Liste „Anerkannter Stellen" finden Sie unter www.lba.de

Mit den Kriterien will der Verordnungsgeber zukünftig erreichen, dass der „Wildwuchs" im Bereich der Schulungs- und Prüfungsanbieter eingedämmt wird und gewisse Standards berücksichtigt werden.

Gem. § 21d Abs. 4 kann die Prüfung auch online abgelegt werden, wodurch die geeigneten Räumlichkeiten nicht mehr zwangsläufig erforderlich sein müssen;

Der Bewerber für einen Kenntnisnachweis muss mindestens 16 Jahre alt sein,[115] da man für den Betrieb ein erhöhtes Verantwortungsbewusstsein erwartet.[116]

Vor der Prüfung hat der Bewerber gemäß § 21d Abs. 3 Satz 1 LuftVO der anerkannten Stelle folgende Unterlagen vorzulegen, auch wegen den zahlreichen Missbrauchsmöglichkeiten:[117]

1. ein gültiges Identitätsdokument,

2. bei Minderjährigen die Zustimmung des gesetzlichen Vertreters,

3. eine Erklärung über laufende Ermittlungs- oder Strafverfahren und

4. ein Führungszeugnis nach § 30 Abs. 1 BZRG bei Erstbescheinigung

Die anerkannte Stelle hat gem. § 21d Abs. 6 LuftVO ein Verzeichnis über die Namen und Anschriften der geprüften Bewerber zu führen und in dem Verzeichnis auch Täuschungsversuche zu vermerken. Auch nach der offiziellen Anerkennung der Stelle führt das LBA gem. § 21d Abs. 7 LuftVO die Aufsicht über die Stelle und ist berechtigt die Räumlichkeiten zu den üblichen Geschäftszeiten zu betreten und entsprechende Ermittlungen vorzunehmen; u. a. kann einer Prüfung beigewohnt oder Einsicht in das Register genommen werden. So kann überprüft werden, ob die Stelle die geforderten Kriterien im Sinne des LBA nachhaltig erfüllt.

Nutzen Sie Ihre Drohne nur privat, so können Sie eine Bescheinigung bei den beauftragten Luftsportverbänden (oder auch online beim DMFV und DAEC) erlangen. „Aus der Bescheinigung muss hervorgehen, dass der Steuerer des Flugmodells in die in § 21a Absatz 4 Satz 1 genannten Bereiche eingewiesen worden ist."[118] Auch diese Bescheinigung soll fünf Jahre gültig sein und das LBA führt die Aufsicht über die korrekte Umsetzung.[119]

Bewerber müssen mindestens 14 Jahre alt sein und die Zustimmung des gesetzlichen Vertreters bei Minderjährigkeit nachweisen.[120]

Die Herabstufung im Vergleich zu UAS Steuerern ist der Tatsache geschuldet, dass in Modellflugvereinen durchaus auch jüngere Mitglieder unter fachlicher Aufsicht fliegen und sensibilisiert werden. Mit dieser Regelung werden Hobbyflieger finanziell entlastet, da sie keine Schulung besuchen müssen. Weitere Möglichkeiten für einen Kenntnisnachweis gem. § 21a Abs. 4 LuftVO gibt es nicht.

Umfang der Erlaubnis – Basics

Als Erlaubnisinhaber gilt die Firma bzw. juristische Person. Ein Inhaber kann mehrere Steuerer eintragen lassen, die in seinem Namen ein unbemanntes Fluggerät bedienen können.[121]

Die Steuerer werden ebenfalls schriftlich fixiert. Hier werden der Name und die Geburtsdaten festgehalten. In Niedersachsen ist eine maximale Anzahl von 6 Steuerern vorgesehen, andere Bundesländer haben andere Begrenzungen.[122]

Der Umfang der Erlaubnis beinhaltet den Betrieb von unbemannten Fluggeräten mit einer Gesamtmasse von je maximal 25 kg ohne Verbrennungsmotor bis zu einer maximalen Höhe von 100 m über Grund im erteilten Befristungszeitraum im jeweiligen Bundesland.[123] Die Höhe von 100 m über Grund oder Wasser muss wegen des Verbotes aus § 21b LuftVO stets eingehalten werden. Auch sind alle weiteren Verbote des § 21b LuftVO zu beachten!

Per Sondererlaubnis können Ausnahmen diverser Verbote genehmigt werden (z.B. Wohngrundstücke, Bundesstraßen, Bahnanlagen und Bundeswasserstraßen). Hierzu später mehr im Kapitel Sondererlaubnis.

Per Einzelerlaubnis oder Sondererlaubnis können Flüge auch über z. B. Menschenansammlungen ermöglicht werden. Allerdings ist die Wahrscheinlichkeit auf Erfolg wegen des Risikos in vielen Fällen gering.

Der örtliche Geltungsbereich der Allgemeinerlaubnis ist grundsätzlich auf den Zuständigkeitsbereich der erteilenden Behörde gekoppelt bzw. beschränkt. Bedingt durch die föderale Struktur der Bundesrepublik erteilt jedes Bundesland seine eigenen Erlaubnisse.[124]

Abb. 7.2:   DJI Phantom über Wohngrundstück

Im Klartext heißt das für Unternehmen, die deutschlandweit Ihre UAV nutzen wollen, 16 Rechtsakte und bis zu 16-mal Gebühren.

„Ich würde gern ein Video vom Feuerwerk machen!"

Die Betriebszeiten bestehen außerhalb der Nachtzeit.[125] Gemäß der EU-Verordnung entspricht die Nacht den Stunden zwischen dem Ende der bürgerlichen Abenddämmerung und dem Beginn der bürgerlichen Morgendämmerung. Dies ist der Fall, wenn sich die Mitte der Sonnenscheibe 6° unter dem Horizont befindet.[126] Nachtflüge sind (per Einzelerlaubnis in Niedersachsen) genehmigungsfähig.

In Niedersachsen ist die Befristung bei Ersterteilung ein Jahr. Gemäß dem bundeseinheitlichen Grundsatz soll eine Befristung „auf einen Zeitraum von längstens zwei Jahren"[127] festgelegt werden.

Verlängerung

Eine Verlängerung einer Allgemeinerlaubnis ist generell möglich. Nicht verlängert werden sollen Erlaubnisse, bei denen die Inhaber im Erteilungszeitraum gegen Bestimmungen verstoßen haben oder Anhaltspunkte vorliegen, dass die Erlaubnis missbräuchlich verwendet worden ist.[128] Die Verlängerung kann im Regelfall zügiger als eine Ersterlaubnis erteilt werden, da die Sachbearbeiter auf einen bereits vorhandenen Datenstamm zurückgreifen können.

Je nach Bundesland müssen bei der Verlängerung weniger Unterlagen eingereicht werden. In einigen Bundesländern wird zusätzlich das Flugbuch angefordert, bevor die Verlängerung erteilt wird. Die Kosten für die Erteilung einer Verlängerung sind häufig deutlich geringer, als die der Ersterteilung.[129] In Niedersachsen werden 75,00 € Verwaltungskosten bei einer dann zweijährig erteilten Laufzeit berechnet.

Da die Verlängerung in allen Bundesländern die Maximallaufzeit von 2 Jahren hat,[130] können sich zwischenzeitlich eventuell Steuerer oder Adressen und Firmierungen ändern:

Änderung/Ergänzung

Eine Änderung kann immer vorgenommen werden und ist in der Regel kostenpflichtig. In Niedersachsen wird eine Änderung mit 30,00 € berechnet (hier ist der Rahmen in den anderen Ländern nur minimal abweichend).

Anerkennung

Eine nach den Grundsätzen der NfL 1-1163-17 im vereinfachten Verfahren erteilte Betriebserlaubnis kann von anderen Landesluftfahrtbehörden für Ihren Zuständigkeitsbereich anerkannt werden.[131] Die Anerkennung kann im Allgemeinen oder im Einzelfall erfolgen und es können zusätzliche Regelungen aufgenommen werden, sofern besondere örtliche Verhältnisse im Zuständigkeitsbereich der anerkennenden Behörde oder landesrechtliche Regelungen dies erfordern.

Die Kosten sind hier sehr unterschiedlich und reichen von 25,00 € bis hin zu 50% der Ursprungserlaubnis. Bei der Anerkennung müssen neben der bestehenden Erlaubnis teilweise weitere Unterlagen eingereicht werden (meistens Versicherung und Formular). Im Fokus steht hier eher die Kostenersparnis als der Abbau von Bürokratie.

Doch Vorsicht: Die Anerkennung ist meist an die Ursprungserlaubnis gekoppelt. Wenn diese bald auslaufen wird, sollte man mit der Anerkennung warten, bis die Ursprungserlaubnis verlängert worden ist.

Wer deutschlandweit agieren möchte, kann mit einer gut geplanten Anerkennungsreihenfolge viel Geld sparen.

Ob und unter welchen Voraussetzungen eine Anerkennung erfolgt, kann auf den jeweiligen Homepages der Luftfahrtbehörden erlesen bzw. bei den jeweiligen Sachbearbeitern erfragt werden.

Manche Bundesländer erkennen bspw. zwar generell an, aber nicht die „Ursprungserlaubnisse" aus Bundesländern mit einer Allgemeinverfügung.[132]

Frage 1: Eine allgemeine Betriebserlaubnis wird nach § ... LuftVO erteilt.

(A) 21a

(B) 21b

(C) 21c

(D) 21d

Frage 2: Die Erteilung einer Betriebserlaubnis wird in jedem Bundesland ...

(A) durch den Bund vorgenommen.

(B) blockiert.

(C) einheitlich geregelt.

(D) unterschiedlich geregelt.

Frage 3: Die maximale Befristung einer allgemeinen Betriebserlaubnis liegt bei ... Jahr(en).

(A) 1

(B) 2

(C) 3

(D) 4

Frage 4: Kein typisches Dokument zur Vorlage ist ...

(A) der Versicherungsnachweis.

(B) der Führerschein.

(C) das technische Datenblatt.

(D) ein Kenntnisnachweis.

Frage 5: Der 2017 eingeführte Kenntnisnachweis kann nicht durch ... erbracht werden.

(A) Pilotenlizenz

(B) Prüfung bei anerkannter Stelle

(C) Vorflug bei Behörde

(D) Prüfung bei Modellflugverein

Frage 6: Eine erteilte Betriebserlaubnis wird in jedem Bundesland anerkannt!

(A) richtig

(B) falsch

Frage 7: Das Maximalgewicht in einer allgemeinen Betriebserlaubnis beträgt ... kg.

    (A) 0,25 ○

    (B) 2 ○

    (C) 5 ○

    (D) 25 ◉

Frage 8: Ist man deutschlandweit aktiv, erwarten den Erlaubnisinhaber ...

    (A) hohe Kosten. ◉

    (B) wenig Kosten. ○

    (C) wenig Aufwand. ○

    (D) keine der Antworten. ○

Frage 9: Die Erlaubnis aus Niedersachsen ist ... gültig

    (A) in Niedersachen ◉

    (B) in Niedersachsen und Bremen ○

    (C) europaweit ○

    (D) weltweit ○

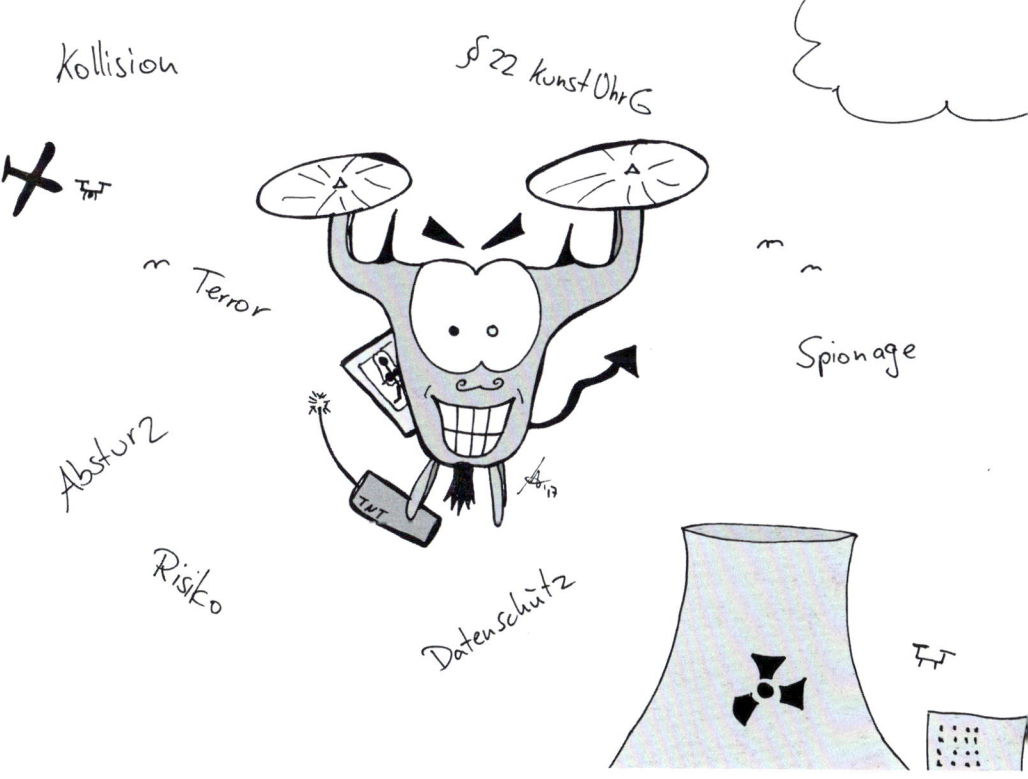

Genauer betrachtet stellen die meisten Verbote gem. § 21b LuftVO für Inhaber einer „alten" Aufstiegserlaubnis kaum ein Novum dar, da sie im Wesentlichen der seit 20. Juli 2016 veröffentlichten NfL 1-786-16 entsprechen und in einigen Punkten lediglich präzisiert worden sind. Für Flugmodelle hingegen bestanden viele der „neuen" Verbote nicht.

Ausgenommen von den Verboten sind jegliche Einsätze von Behörden und Organisationen mit Sicherungsaufgaben (z.B. THW, Feuerwehr, DRK usw.; kurz BOS) oder deren extern Beauftragten, sofern diese der Aufgabenerfüllung dienen.

Gemäß § 21b Abs. 1 Nr. ... LuftVO verboten ist der Betrieb:

1. außerhalb der Sichtweite des Steuerers nach Maßgabe sofern die Startmasse des Geräts fünf Kilogramm und weniger beträgt,

2. über und in einem seitlichen Abstand von 100 Metern von Menschenansammlungen, Unglücksorten, Katastrophengebieten und anderen Einsatzorten von Behörden und Organisationen mit Sicherheitsaufgaben, sowie über mobilen Einrichtungen und Truppen der Bundeswehr im Rahmen angemeldeter Manöver und Übungen.

3. über und in einem seitlichen Abstand von 100 Metern von der Begrenzung von Industrieanlagen, Justizvollzugsanstalten, Einrichtungen des Maßregelvollzugs, militärischen Anlagen und Organisationen, Anlagen der Energieerzeugung und -verteilung sowie über Einrichtungen, in denen erlaubnisbedürftige Tätigkeiten der Schutzstufe 4 nach der Biostoffverordnung ausgeübt werden, soweit nicht der Betreiber der Anlage dem Betrieb ausdrücklich zugestimmt hat,

4. über und in einem seitlichen Abstand von 100 Metern von Grundstücken, auf denen die Verfassungsorgane des Bundes oder der Länder oder oberste und obere Bundes- oder Landesbehörden oder diplomatische und konsularische Vertretungen sowie internationale Organisationen im Sinne des Völkerrechts ihren Sitz haben sowie von Liegenschaften von Polizei und anderen Sicherheitsbehörden, soweit nicht die Stelle dem Betrieb ausdrücklich zugestimmt hat,

5. über und in einem seitlichen Abstand von 100 Metern von Bundesfernstraßen, Bundeswasserstraßen und Bahnanlagen, soweit nicht die zuständige Stelle dem Betrieb ausdrücklich zugestimmt hat,

6. über Naturschutzgebieten im Sinne des § 23 Absatz 1 des Bundesnaturschutzgesetzes, Nationalparken im Sinne des § 24 des Bundesnaturschutzgesetzes und über Gebieten im Sinne des § 7 Absatz 1 Nr 6 und 7 des

Bundesnaturschutzgesetzes (FHH- und Vogelschutzgebiete), soweit der Betrieb von unbemannten Fluggeräten in diesen Gebieten nach landesrechtlichen Vorschriften nicht abweichend geregelt ist,

7. über Wohngrundstücken, wenn die Startmasse des Geräts mehr als 0,25 Kilogramm beträgt oder das Gerät oder seine Ausrüstung in der Lage sind, optische, akustische oder Funksignale zu empfangen, zu übertragen oder aufzuzeichnen, es sei denn, der durch den Betrieb über dem jeweiligen Wohngrundstück in seinen Rechten betroffene Eigentümer oder sonstige Nutzungsberechtigte hat dem Überflug ausdrücklich zugestimmt,

8. in Flughöhen über 100 Metern über Grund, es sei denn, der Betrieb findet auf einem Gelände im Sinne des § 21a Absatz 4 Satz 2 statt, oder soweit es sich nicht um einen Multikopter handelt,

   • der Steuerer ist Inhaber einer gültigen Erlaubnis als Luftfahrzeugführer oder
   • der Steuerer verfügt über einen Kenntnisnachweis,

9. ungeachtet des § 21 in Kontrollzonen, es sei denn, die Flughöhe übersteigt nicht 50 Meter über Grund,

10. zum Transport von Explosivstoffen und pyrotechnischen Gegenständen, von radioaktiven Stoffen, von gefährlichen Stoffen und Gemischen gemäß § 3 der Verordnung zum Schutz vor Gefahrstoffen, von Biostoffen der Risikogruppen 2 bis 4 gemäß § 3 Absatz 1 der Biostoffverordnung sowie von Gegenständen, Flüssigkeiten oder gasförmigen Substanzen, die geeignet sind, bei Abwurf oder Freisetzung Panik, Furcht oder Schrecken bei Menschen hervorzurufen.

11. über und in einem seitlichen Abstand von 100 Metern von der Begrenzung von Krankenhäusern.

Ein Verstoß gegen die Verbote kann mit einer Geldbuße bis zu 50.000 € geahndet werden. Haben Sie also ein offenes Auge und halten sich an die Regeln.

Da nicht alle Punkte auf den ersten Blick klar sind, folgen einige Erläuterungen dazu:

Nach § 21b Abs. 1 1. LuftVO ist der Betrieb außerhalb der Sicht nur verboten, sofern die Startmasse unter 5 kg beträgt.

Für schwerere Geräte über 5 kg hingegen ist der Betrieb offiziell möglich. Die Voraussetzung hierfür ist, dass ausreichende Sicherheitsvorkehrungen getroffen worden sind.[133] In der benötigten Erlaubnis wird der Betrieb außer Sichtweite dann in der Regel per Nebenauflage verboten.

Abb. 8.1: Betrieb außer Sicht durch FPV (Quelle: Pixabay)

Der Betrieb erfolgt außerhalb der Sichtweite des Steuerers, wenn der Steuerer das unbemannte Fluggerät ohne besondere optische Hilfsmittel nicht mehr sehen oder seine Fluglage nicht mehr eindeutig erkennen kann.[134]

Das Erkennen der Fluglage erfolgt in der Regel durch farbliche Markierungen oder entsprechende Beleuchtung am Gerät, bei der DJI Phantom 4 zum Beispiel durch 2 rote Lampen an der Vorderseite und grün blinkende am Heck. Ab einer gewissen Entfernung[1] sind die Positionslampen nicht mehr klar deutbar, sodass die Erkennung der Fluglage nicht mehr eindeutig ist.

Aus praktischem Selbstversuch mit einer DJI Phantom 4 ist die Fluglage bereits ab einer horizontalen Entfernung von 100m bis 150m nur noch schwer zu beurteilen und selbst bei idealen Wetterbedingungen ab 200m Distanz jeweils in einer Höhe von 80m gänzlich ohne Hilfsmittel unmöglich.[135]

Als besondere Hilfsmittel werden bspw. Ferngläser oder Nachtsichtgeräte angesehen, während normale Hilfsmittel etwa Brillen oder Kontaktlinsen darstellen.[136]

Als nicht außerhalb der Sichtweite des Steuerers gilt der Betrieb eines unbemannten Fluggeräts mithilfe eines visuellen Ausgabegeräts, insbesondere einer Videobrille (mit einer Videobrille begrenzt sich das Sichtfeld des Steuerers auf die Kamerasicht des Gerätes, also in Drohnen-Egoperspektive),[137] wenn dieser Betrieb in Höhen unterhalb von 30 Metern erfolgt und 1. die Startmasse des Fluggeräts nicht mehr als 0,25 Kilogramm beträgt, oder wenn 2. der Steuerer von einer anderen Person, die das Fluggerät ständig in Sichtweite hat und die den Luftraum beobachtet, unmittelbar auf auftretende Gefahren hingewiesen werden kann.[138]

---

1   ca. 90 m AGL und 60 m Distanz; Selbstversuch

Begründet wird dies durch das geringe Gewicht der Racekopter: Die kinetische Energie könne „bei einer Kollision (...) durch bloßes Herunterfallen aus 30 m Personen kaum gefährden."[139]

Der Spotter muss in dieser Regelung erst bei Geräten über 250g vorhanden sein. Dies entspricht aber fast allen semiprofessionellen oder höherwertigen Geräten.

Die Beobachtung des Luftraumes und der Hinweis einer auftretenden Gefahr genügt: „Durch den Beobachter wird ein mit dem regulären Betrieb in Sichtweite vergleichbares Sicherheitsniveau erreicht."[140]

Menschenansammlungen (§ 21b Abs. 1 Nr. 2. LuftVO)

Menschenansammlungen sind eine Mehrzahl von Menschen an einem Ort: Eine Menschenansammlung ist als „eine räumlich vereinigte Vielzahl von Menschen zu verstehen (...), d.h. eine so große Personenmehrheit, dass ihre Zahl nicht sofort überschaubar ist und es auf das Hinzukommen oder Weggehen eines Einzelnen nicht mehr ankommt."[141]

Da dies eine sehr auslegungsfähige Aussage darstellt, wird aus Behördensicht offiziell von einer Personenzahl von mindestens 12 Personen ausgegangen.[142]

Räumlich vereinigt bedeutet in dem Zusammenhang, dass diese nah beieinanderstehen (wie nah ist nicht definiert). Sollten bei einer Strandaufnahme aus 80m Höhe mehr als 12 Personen bunt verteilt (mit gewissem Mindestabstand zueinander) zu sehen sein, wird man vermutlich nicht von einer Menschenmenge ausgehen. Stehen alle im Pulk zusammen, dann wohl schon.

Bis zur Neuregulierung war diese Anzahl von Personen nicht festgelegt, sodass es immer wieder Probleme bei der Definition gab. Jedoch unklar ist weiterhin auf welcher Fläche diese zwölf Personen vereinigt sein sollen.

Meiden Sie aus Gründen der Sicherheit Menschenansammlungen und halten Sie den Mindestabstand von 100 m ein, besonders bei großen Menschenansammlungen (wie Festivals und Großdemos).

Abb. 8.2:   Mit Multikopter erlaubt? Wohl kaum! (Quelle: Pixabay)

Neben „dem Schutz vor unfallbedingten oder gezielt herbeigeführten Abstürzen mit Personenschaden"[143] möchte der Verordnungsgeber auch Personen vor dem möglichen Abwurf von explosivem Material und anderen gefährlichen oder schreckenverbreitenden Substanzen bewahren.[144]

„Der Kopter ist doch total sicher, was soll da schon passieren? Der hat doch so viele Sicherheitsfeatures"

Auch wenn für viele Nutzer ein DJI Phantom nur ein Spielzeug darstellt, sind dieser und andere Multikopter in der 1,5 kg-Klasse bei fehlerhafter Bedienung bereits eine große Gefahrenquelle. Grundlage zur Bewertung eines möglichen Schadens ist die kinetische Energie, die ein Gegenstand hat. Die kinetische Energie wird in Joule gemessen. Auf europäischer Ebene und auch in der Begründung zur LuftVO wird angenommen, dass „79 Joule Bewegungsenergie „vertretbar" seien. Jedoch werden die 79 Joule mitunter sehr schnell erreicht.

Um das auch verständlich zu machen, stellen wir uns bitte folgende Situation vor: Max Mustermann fliegt mit seinem DJI Phantom auf 100 m AGL im weiträumigen

DJI Phantom, Gewicht 1,38 kg	
Höhe (in m)	Joule
1	13,53
10	135,33
20	270,66
30	405,99
40	541,32
50	676,65
100	1.353,30
250	3.383,26
500	6766,52

Abb. 8.3:   Mögliche Energie einer Drohne beim Aufprall

Stadtpark umher.. Ein Schwarm Spatzen gerät in die Flugbahn und ein Spatz berührt einen der Propeller. Durch Sicherheitseinrichtungen im Gerät stoppen sofort ALLE Motoren und das unbemannte System fällt zu Boden.

„Nicht schlimm, der Kopter ist doch leicht!"

Falsch! Das Gerät schlägt in diesem Beispiel mit einer Geschwindigkeit von über 40 km/h auf den Boden und hat eine kinetische Energie von 1.353 Joule. Das entspricht dem 17-fachen Wert des o.g. gefährlichen Schwellenwertes.

Ein weiteres Beispiel für die Gefahr, die von einem Multikopter ausgeht, gefällig? Man nehme eine Gurke und halte sie in die Rotorblätter bei hoher Drehzahl. Das Ergebnis ist eine geköpfte Gurke, sogar bei Plastikpropellern.

Mit Carbonpropellern ist die Durchschlagskraft deutlich höher. Um das Beispiel zu intensivieren, folgende Situation: Sie machen auf einer Hochzeit mit Ihrem Quadrokopter ein Foto der Gesellschaft aus 10m Höhe und 5m Entfernung. Vorerst ist sowohl Abstand, als auch Höhe ausreichend und umsichtig gewählt.

Doch dann fällt der vordere Motor aus, die restlichen Motoren drehen sich weiter. Laut Theorie stürzt das Gerät im 45° Winkel zu Boden. Mit einer entsprechenden Rechnung[1] kommt man schnell zum Ergebnis, dass der „Gurkenschredder" in das eine oder andere Gesicht fliegt und dort im schlimmsten Fall „ins Auge geht".

Abb. 8.4: So sollte das unbemannte Fluggerät von keiner Menschenansammlung aus zu sehen sein, da ein Überflug ohne Sondererlaubnis verboten ist!

---

1   Geometrische Dreiecksberechnung, Wind ist ein weiterer Faktor!

Wie blutig ein solcher Vorfall möglicherweise endet?

Die Hand des Latinopopstars Enrique Iglesias geriet bei einem Konzert in die Propeller eines Multikopters, welcher ursprünglich Bilder des Publikums machen sollte. Neben Schnittverletzungen soll er, spanischen Medien zufolge, sogar einen Bruch erlitten und das Konzert mit blutverschmiertem T-Shirt beendet haben.[145]

ACHTUNG: Da sich Hände, Gesicht, Arme und der gesamte Oberkörper beim Landen und Starten aus der Hand sehr nah am Gerät befinden, sind Verletzungen sehr wahrscheinlich. Keine angenehme Vorstellung? Richtig!

Um eine Ordnungswidrigkeit (Owi) oder Unfälle zu vermeiden geht die klare Empfehlung dahin, einfach keine Personen zu überfliegen.

Natürlich ist es nicht immer 100%ig möglich, denn selbst bei abgesperrten Gebieten können vereinzelte Menschen unter der Drohne auftauchen. Sollte dies passieren, notieren Sie es in Ihrem Flugbuch. Eine spätere Dokumentation und Beweisführung im Schadensfall fällt damit leichter.

Unglücksorte, Katastrophengebiete, Einsatzorte von BOS und bei Manövern und Übungen der Bundeswehr (§ 21b Abs. 1 Nr. 2. LuftVO)

Bereits nach alter Rechtslage war ein Überflug o. g. Orte für unbemannte Luftfahrtsysteme untersagt.[146] Allerdings ist jetzt ein seitlicher Abstand von 100m hinzugekommen und die Regelung gilt auch für Flugmodelle.[147] Eine Aufnahme des Verbotes in der Verordnung und Vereinheitlichung von Flugmodellen und UAS ist mit Blick auf Sensationstourismus und Schutz der Einsatzkräfte eine wichtige Regelung und wertet das besondere Schutzbedürfnis auf. Ebenfalls werden Überflüge von mobilen Übungen der Bundeswehr außerhalb militärischer Anlagen unter Verbot gestellt. Dieses Verbot dient unter anderem der „Reduzierung der Kollisionsgefahr mit bundeswehreigenem Flugbetrieb (und) (...) der militärischen Sicherheit".[148]

Industrieanlagen, JVAs, militärischen Anlagen, Anlagen der Energieerzeugung u.a. (§ 21b Abs. 1 Nr. 3. LuftVO)

Auch hier wurde eine alte Regelung um den Radius von 100 m ringsumher der Befriedung (oder des Gebäudes) und um Flugmodelle erweitert. Es sollen Industriespionage, Datenschutzverletzungen oder auch ein Anschlag verhindert werden.[149] Ähnliches gilt für Industriebetriebe mit Tätigkeiten der Schutzstufe 4 der Biostoffverordnung (Höchste Schutzstufe mit hochgefährlichen Biostoffen) und Anlagen der Energieerzeugung und –Verteilung, besonders für Atomkraftwerke. Fraglich ist bei diesen Anlagen ab welcher Megawattzahl das Verbot gilt. Hier gibt es etwas Spiel, seien Sie aber lieber etwas konservativer bei einer Abwägung.

Für Justizvollzuganstalten und andere Einrichtungen des Maßregelvollzugs herrschen gleiche Verbote, um illegalen Drohnenlieferungen auszuschließen.

Eine Gestattung, die das Verbot eliminiert, wäre bspw. ein Auftrag der Stadtwerke, das örtliche Kraftwerk für Inspektionszwecke zu überfliegen oder ein Luftbild des örtlichen Solarparks zu erstellen. Diese Ausnahme sorgt für die nötige Flexibilität des Einsatzes gewerblicher Drohnen. PS: Gewerbegebiete sind von keinen Verboten erfasst.

Besondere Landes- und Bundesbehörden und diplomatische und konsularische Vertretungen sowie internationale Organisationen im Sinne des Völkerrechts (§ 21b Abs. 1 Nr. 4. LuftVO)

Diese Regelung soll den Betrieb über und in einem Radius von 100 Metern um die Grundstücke, auf denen die Verfassungsorgane des Bundes oder der Länder oder oberste und obere Bundes- oder Landesbehörden, diplomatische und konsularische Vertretungen oder internationale Organisationen im Sinne des Völkerrechts ihren Sitz haben sowie über Liegenschaften von Polizei und anderen Sicherheitsbehörden, verbieten. Auch hier gibt es ein Interesse der Verwaltungen und der anderen Einrichtungen auf ein besonderes Schutzbedürfnis. Das Verbot kann allerdings durch ausdrückliche Gestattung aufgehoben werden. Problematisch ist hier, dass der Steuerer nicht alle Adressen wissen kann. Viele obere Landesbehörden sind zudem dezentral untergebracht. Hier zeichnet sich die DFS Drohnen App aus: Polizeien, JVAs und viele Behörden sind hier aufgeführt.

Über und in einem seitlichen Abstand von 100 m von Bundesfernstraßen, Bundeswasserstraßen und Bahnanlagen (§ 21b Abs. 1 Nr. 5. LuftVO)

Bei den Verkehrswegen ist eine gewaltige Unterscheidung zwischen einer Nebenstraße in einem Dorf und bspw. einer Autobahn oder Bundesstraße vorzunehmen.

Dies spielt vor allem in der rechtlichen Betrachtung im Ordnungswidrigkeitenverfahren eine Rolle; hier zählt zuerst mal die Relevanz des Verkehrsweges. Demnach ist der Betrieb über Bundesautobahnen tendenziell gefährlicher als in einer verkehrsberuhigten Zone einer Kleinstadt.

Das Verbot über und in einem seitlichen Abstand von weniger als 100 m zu Bundesfernstraßen zu fliegen stellt für viele Steuerer ein erhebliches Problem dar, wenn bspw. eine Bundesstraße durch einen Ort verläuft. Alle an der Straße befindlichen Gebäude sind faktisch nicht befliegbar, wenn man sich an die 100m Abstand hält. Ohne Sondererlaubnis oder Einverständnis der zuständigen Behörden ist ein Aufstieg untersagt.

Auch der Schiffsverkehr, besonders bei Transport von Gefahrstoffen, soll einen besonderen Schutz genießen. Durch Drohnen können Ablenkungen oder Irritationen verursacht werden, was laut BMVI „wiederum zu gefährlichen Kursmanövern oder einer Havarie führen kann."[150] Nicht zuletzt besteht auch eine Gefahr für die an Board befindliche Crew durch einen Absturz oder Zusammenstoß.[151]

Bei Bahnanlagen ist der Abstand von 100m auf den ersten Blick nicht ganz schlüssig. Jedoch erzeugt ein vorbeifahrender ICE Turbulenzen in Form von Windschleppen (hierzu später mehr), die eine Drohne schnell zum Absturz bringen können. In wie fern eine Bahnanlage auch Straßenbahnen betrifft oder anderen Schienenverkehr ist noch nicht gänzlich geklärt und wird föderal vermutlich auch unterschiedliche Betrachtungsweisen haben.

Auch diese Verbote können mit ausdrücklicher Erlaubnis der zuständigen Stelle (Straßenbauverwaltung, Wasser- und Schiffartsämter oder Bahnbetriebe) aufgehoben werden.

Naturschutzgebiete (§ 21b Abs. 1 Nr. 6. LuftVO)

Naturschutzgebiete gelten als sehr sensible Bereiche, da hier die Flora und Fauna erhalten werden soll. In einigen Nationalparks sind Aufstiege unkritisch, in anderen unmöglich. Vor einem Aufstieg muss unbedingt mit der zuständigen Verwaltung gesprochen werden. Wenn keine landeseigenen Vorschriften den Betrieb von Drohnen regeln, ist ein Aufstieg in Naturschutzgebieten und Nationalparks untersagt. Dieser Abschnitt setzt eine Norm für die bereits vielfach in Deutschland durch Nationalparkverwaltungen praktizierten Aufstiegsverbote von Drohnen.[152] Durch landeseigene Regelungen sieht das BMVI „berücksichtigt, dass nicht pauschal über jedem dieser geschützten Gebiete ein absolutes Überflugverbot für unbemannte Fluggeräte fachrechtlich geboten und verfügt worden ist." [153]

Vorsicht OwI! Wer mit Allgemeinerlaubnis im Naturschutzgebiet ohne Erlaubnis der Nationalparkverwaltung startet, muss mit einem Bußgeld rechnen.

So ist bspw. im Harz die Nationalparkverwaltung zuständig. In der Regel werden im Harz keinerlei Aufstiege freigegeben. Eine Berufung auf eine Allgemeinerlaubnis bringt auch hier keinerlei Vorteile, da sowohl Flugmodelle, als auch UAS, in den seltensten Fällen eine Gestattung erhalten werden. Neben Nationalparks und Naturschutzgebieten ist auch der Betrieb von unbemannten Fluggeräten in FFH- und Vogelschutzgebieten verboten. Landschaftsschutzgebiete fallen nicht unter die luftrechtlichen Verbote.

Wenn Sie also vorhaben, in entsprechenden Gebieten zu fliegen, rufen Sie bitte vorher die zuständige Verwaltung an und sichern Sie sich ab. Eine Erlaubnis kann mit Zustimmung erteilt werden.

Über Wohngrundstücken (§ 21b Abs. 1 Nr. 7. LuftVO)

Der Überflug ist verboten, wenn die Startmasse des Geräts mehr als 0,25 Kilogramm beträgt und/oder das Gerät oder seine Ausrüstung in der Lage sind, optische, akustische oder Funksignale zu empfangen, zu übertragen oder aufzuzeichnen, es sei denn, der durch den Betrieb über dem jeweiligen Wohngrundstück in seinen Rechten betroffene Eigentümer oder sonstige Nutzungsberechtigte hat dem Überflug ausdrücklich zugestimmt.

Hiermit soll sichergestellt werden, dass die Privatsphäre von Personen geschützt wird und es keine luftseitige Einsichtnahme des geschützten Privatbereichs geben soll; auch datenschutzrechtliche Belange spielen hier eine Rolle. Zudem kann mit der Regelung der Schutz vor Lärm und Gefahren durch Kollision gewährleistet werden. Ein Überflug eines Grundstücks mit Zustimmung des jeweiligen in seinen Rechten Betroffenen Eigentümers oder sonstigen Nutzungsberechtigten darf zwar stattfinden, doch dürfte dies in der Praxis vielerorts am Aufwand scheitern. Für viele Luftbilder müssen zwangsläufig Nachbargrundstücke überflogen werden, damit das Objekt komplett fotografisch eingefangen oder die gewünschte Perspektive realisiert werden kann.

Bei Mehrfamilienhäusern oder Siedlungen mit enger Bebauung ist es vermutlich unmöglich, von jedem Eigentümer oder Verfügungsberechtigten inhaltlich oder organisatorisch eine Erlaubnis zu bekommen.

Abb. 8.5:   Wohngrundstück

Unter dem Aspekt herrscht ein faktisches Verbot innerörtlicher Flüge für annähernd alle Spielzeug-, semiprofessionelle und professionelle Flugdrohnen, da selbst günstige Drohnen für unter 50 € über eine Kamera verfügen und somit von dem Verbot betroffen wären.[154] Nicht geregelt wird, an welche Form die Zustimmung gebunden sein soll. Eine rein mündliche Zustimmung mag an sich praktikabel sein, hat aber keine Beweiskraft, sofern der Überflug rückwirkend doch zu Unstimmigkeiten oder einer Anzeige führt.

Auch wäre bei mehreren Eigentümern eine Umkehrung denkbar, sodass ein Infozettel verteilt werden könnte mit Bitte um Kenntnisgabe, dass ein Überflug nicht gewünscht ist (in einer Sondererlaubnis ist mit entsprechender Nebenauflage zu rechnen). Ob eine solche Regelung aber dem Begriff „ausdrücklich" gerecht wird, ist fragwürdig. Tipp aus der Praxis: Lassen Sie Ihren Auftraggeber seine Nachbarn informieren und das ausdrückliche Ok einholen. Das ist viel einfacher und spart Ihnen Zeit.

 Sichern Sie sich ab. Gerade dieses Verbot lädt genervte Nachbarn zu einer Anzeige förmlich ein. Nehmen Sie Rücksicht und lassen Sie sich das OK geben.

Über 100m AGL (§ 21b Abs. 1 Nr. 8. LuftVO)

Bis zuletzt durften UAS bis zu 100m AGL betrieben werden, für Flugmodelle galt der Luftraum G mit seinen Abstufungen von 1000, 1500 und 2500 Fuß, bzw. 303, 516 und 756 m AGL. § 21b Abs. 1 Nr. 8. LuftVO sieht nun für jeglichen Betrieb ziviler Drohnen eine maximale Aufstiegshöhe von 100m über Grund vor. Ab 150m

AGL außerhalb von bewohntem Gebiet findet bereits bemannter Luftverkehr statt,[155] den man mit dieser Regelung schützen möchte.

„Aber eine 1,5 kg Drohne kann doch keinen Schaden anrichten, wenn sie mit einem Flugzeug zusammenstößt!"

Falsch! Ein Zusammenstoß kann nämlich sehr gefährlich sein. Neuralgische Punkte eines Flugzeuges sind „jene Bauteile, die in Flugvorausrichtung zeigen, also Cockpitscheiben, Flugzeugnase, Flügelvorderkanten und Triebwerke, Leitwerke und ausgefahrene Fahrwerke".[156] In Kollisionstests werden Flugzeuge und Hubschrauber mit Vögeln (bereits tot) beschossen, um die Auswirkungen des Vogelschlags zu zeigen. Die Ergebnisse sind eindeutig: Selbst kleine Vögel von weniger als 2 kg richten massiven Schaden an. Hubschrauber fliegen generell in niedrigeren Höhen und bieten durch größere Cockpitscheiben, die Triebwerke und insbesondere die Rotoren potentielle Angriffsflächen.

Es ist davon auszugehen, dass bereits Drohnen unter 2 kg problemlos die Cockpitscheibe eines Hubschraubers oder eines kleinen Flugzeuges durchbrechen kann und den Piloten schwer verletzt oder so stark erschreckt, dass er die Kontrolle über sein Luftfahrzeug verliert.[157] Zudem können übliche Drohnen ab einer gewissen Höhe nicht mehr ohne Hilfsmittel erkannt werden. Auch ist die Einschätzung zum Abstand zu anderen Luftverkehrsteilnehmern ab einer gewissen Höhe nicht mehr besonders zuverlässig.[158]

Der Modellflugsport sieht mit der Begrenzung den gravierendsten Einschnitt: Speziell Segelflugmodelle werden regelmäßig wegen den thermischen Verhältnissen in Höhen um 400 m AGL betrieben, was nach altem Recht vielerorts problemlos möglich war. Ebenfalls sieht das internationale Regelwerk für den Modellflugsport „eine Vielzahl von Modellflugklassen"[159] vor, die zu Trainings- und Wettkampfzwecken über 100m fliegen müssen. Um diesem Umstand gerecht zu werden und „die Interessen des traditionsreichen Modellflugs in Vereinen (zu) berücksichtigen",[160] gilt dieses Verbot nicht auf Modellflugplätzen, sodass dort entsprechend der Platzerlaubnis geflogen werden kann[161] und es keiner weiteren Sondererlaubnis bedarf.

Zudem dürfen Flugmodelle auch mit einem Kenntnisnachweis außerhalb von Geländen betrieben werden, sofern sie keine Multikopter sind. Diese Formulierung ist etwas unglücklich, da der Multikopter nicht legal definiert ist oder sonst in der LuftVO, LuftVZO oder der LuftVG erwähnt wird.

Luftraum D CTR (Kontrollzone) (§ 21b Abs. 1 Nr. 9. LuftVO)

Diese Regelung verbietet die Nutzung des Luftraum D CTR (Kontrollzone) in einer Höhe über 50m unabhängig zu der einzuholenden Flugverkehrskontrollfreigabe.[162] Möchten Sie also in einer Kontrollzone ein Luftbild in 80m erstellen, müssen Sie einerseits die Flugverkehrskontrollfreigabe vom Tower bzw. der Flugsicherung einholen und zusätzlich eine Sondererlaubnis der Landesluftfahrtbehörde.

 Fliegen Sie in einer Kontrollzone unter 50m, so gibt es kein Verbot und die Freigabe ist mittels Allgemeinverfügung pauschal gegeben (siehe Kapitel Lufträume).

Transport von Gefahrstoffen (§ 21b Abs. 1 Nr. 10. LuftVO)

Hiermit soll ausgeschlossen werden, dass Drohnen als Waffe eingesetzt werden. Auch ist verboten, z. B. Sylvesterraketen mittels einer Drohne abzuschießen. Eine Sondererlaubnis ist nicht möglich, auch nicht im Einzelfall.

Über Krankenhäusern und im Umkreis von 100m (§ 21b Abs. 1 Nr.11. LuftVO)

Gerade, weil fast jedes Krankenhaus über einen Hubschrauberlandeplatz verfügt und viele unter der Regelung der PIS-Landeplätze laufen, gilt dieses Verbot. PIS Landeplätze sind in sehr wenig Karten oder Apps eingepflegt und somit schwer zu ermitteln. Mit dieser Regelung wird dem niedrig fliegendem Rettungshubschrauber ein Mindestmaß an Schutz gegeben und Ihnen als Steuerer die Planung erleichtert. Neben plötzlich auftauchenden Hubschraubern kann es auch zu Ablenkungen durch plötzlichen Sirenenlärm von Rettungswagen kommen.

 Es gibt derzeit keine Möglichkeit, per Sondererlaubnis in diesen Bereichen aufzusteigen. Lediglich BOS dürften hier eine Drohne betreiben. Es wird aber bestimmt bald mit Zustimmung der Leitstelle / des Krankenhauses möglich werden.

Über 25 kg Abfluggewicht

Entgegen alter Regelungen, wo eine Sondererlaubnis an viele Voraussetzungen geknüpft war, wird gem. § 21b Abs. 2 Satz 2 LuftVO bereits eine Ausnahme zugelassen, wenn der Betrieb bspw. zu land- und forstwirtschaftlichen Zwecken erfolgen soll. Dies ist der Tatsache geschuldet, dass schwere Geräte vorwiegend in der

Landwirtschaft genutzt werden[163] und man im freien Feld die Technologie nutzen kann, ohne Personen erheblich zu gefährden.

Man sieht hier, dass der Gesetzgeber in diesem Bereich großes Potential sieht und sich bewusst eine liberale Handhabung offenlässt: Neben der Einzelerlaubnis wird die mögliche Erteilung einer Allgemeinerlaubnis offengehalten. Für Flugmodelle hingegen bleiben die Regelungen bestehen und eine Musterzulassung ist erforderlich.[164]

Auch BOS-Drohnen dürfen ein Abfluggewicht über 25 kg nicht ohne Sondererlaubnis überschreiten.

Ausnahme Modellflugplatz

Auf zugelassenen Modellfluggeländen gelten viele Gebote (z.B. Kenntnisnachweis) oder Verbote (bspw. Flughöhe oder Gewicht) nicht, wenn der Modellflugplatz eine Zulassung für größere Höhen oder mehr Gewicht hat und ein Flugleiter vorhanden ist.. Eine Kennzeichnung gem. LuftVZO ist aber in jedem Fall vorzunehmen und auch eine Haftpflicht-Versicherung stellt eine Selbstverständlichkeit dar.

Frage 1: Der Betrieb über oder in einem Abstand bis zu 100m zu ... ist nicht verboten.

- (A) Menschenansammlungen ○
- (B) Bundesfernstraßen ○
- (C) Gewerbegebieten ◉
- (D) Industriegebieten ○

Frage 2: Neben Bundesbehörden und Konsulaten dürfen auch ... nicht überflogen werden.

- (A) Landstraßen ○
- (B) Feuerwehrgebäude ○
- (C) Justizvollzugsanstalten ◉
- (D) Denkmäler ○

Frage 3: Krankenhäuser dürfen ... überflogen werden.

- (A) generell ○
- (B) gar nicht ◉
- (C) mit Sondererlaubnis ○
- (D) keine der Antworten ○

Frage 4: Ab einer Höhe von ... ist der Flug im Luftraum D CTR (Kontrollzone) verboten.

- (A) 30m ○
- (B) 50m ◉
- (C) 100m ○
- (D) 0m ○

Frage 5: Auf Modellfluplätzen darf auch über 100m aufgestiegen werden.

- (A) richtig ◉
- (B) falsch ○

Frage 6: Eine Menschenansammlung wird angenommen, wenn mindestens ... Personen versammelt sind.

- (A) 6 ○
- (B) 9 ○
- (C) 12 ◉
- (D) 15 ○

Frage 7: Wird die Drohne nur auf einem Modellflugplatz betrieben, ist keine Kennzeichnung gem. LuftVZO notwendig.

    (A) richtig ○

    (B) falsch ●

Frage 8: Wie hoch kann ein Bußgeld ausfallen?

    (A) 5.000 ○

    (B) 25.000 ○

    (C) 50.000 ●

    (D) 100.000 ○

Frage 9: Der Einsatz einer Videobrille ist erlaubt, sofern der Betrieb mit ... erfolgt.

    (A) unter 100m AGL ○

    (B) zusätzlichem Spotter ●

    (C) in einer Kontrollzone ○

    (D) keine der Antworten ○

Frage 10: Wie kann der Transport von Gefahrstoffen realisiert werden?

    (A) Ist generell verboten. ●

    (B) Ist generell erlaubt. ○

    (C) In Sichtweite per Einzelerlaubnis. ○

    (D) Nur autonom. ○

Frage 11: Welches unbemannte Fluggerät darf nicht über 100m betrieben werden, auch wenn ein Kenntnisnachweis gem. § 21a Abs. 4 LuftVO vorliegt?

    (A) Hubschrauber ○

    (B) Flugzeug ○

    (C) Multikopter ●

    (D) keine der Antworten ○

Frage 12: Stimmt es? Wenn der Grundstückseigentümer oder der Verfügungsberechtigte sein ausdrückliches Einverständnis gibt, ist das Verbot aufgehoben.

    (A) richtig ●

    (B) falsch ○

Frage 13: Ab wie viel Joule ist der Betrieb gefährlich?

    (A) 35 Joule ○

    (B) 79 Joule ●

    (C) 120 Joule ○

    (D) 179 Joule ○

Kapitel 9: Luftrecht VII – Die Einzel- und die allgemeine Sondererlaubnis

Einzelerlaubnis

Von fast allen Verboten kann die zuständige (Luftfahrt-)behörde eine Ausnahme gestatten,[165] sofern ein begründeter Fall vorliegt und durch den Betrieb keine Gefahr für die öffentliche Sicherheit und Ordnung oder die Sicherheit des Luftverkehrs besteht.[166] Von dem Betrieb ausgehende Gefahren werden hierbei oftmals auf der Grundlage einer Risikoanalyse (z.B. SORA-GER) bewertet.[167] In einigen Fällen kann mittels vereinfachtem Verfahren auch eine Erlaubnis ohne SORA erfolgen:

> Erlaubnisse nach § 21a Abs. 1 Nr. 1 LuftVO

> Ausnahmen von § 21b Abs. 1 Nr. 2 LuftVO (Menschenansammlungen) unter Einhaltung der 1:1 Regel (hierzu später mehr)

> Ausnahmen von §21b Abs. 1 Nr. 5 LuftVO (Bundesfernstraßen, Bahnanlagen und Bundeswasserstraßen) unter Einhaltung der 1:1 Regel

> Ausnahmen von § 21b Abs. 1 Nr. 7 LuftVO (Wohngrundstücke) unter Einhaltung von Auflagen gem. NfL 1-1163-17 (auch hierzu später mehr)

Die Einzelerlaubnis ist der Allgemeinerlaubnis sehr ähnlich. Auch das Antragsformular ist lediglich um einige Punkte ergänzt und nahezu identisch formuliert. Benötigt wird die Einzelerlaubnis für:

> Geräte über 25kg Abfluggewicht und / oder mit einem anderen Antrieb als Elektromotor über 5kg (bei Betriebsverbotsausnahmen auch unter 5 kg)

> Flüge in Gebieten und Bereichen, die in einer Allgemeinerlaubnis nicht möglich sind oder wenn eine Ausnahme eines Verbotes erfolgen soll

> Spezialeinsätze (z.B. Abwurf von Gegenständen, Besprühung von Feldern usw.)

Eine Einzelerlaubnis wird in der Regel auf einen einzelnen Tag, Zweck oder/ und Ort bestimmt. In Niedersachsen werden Verwaltungskosten von 100€ oder mehr in Rechnung gestellt.

Erforderliche Dokumente

Allgemein sind viele der einzureichenden Dokumente identisch zur Allgemeinerlaubnis. Daher werden diese nur noch einmal kurz erwähnt. Folgende Unterlagen sind analog zur Allgemeinerlaubnis in Niedersachsen nötig (Abweichungen zu anderen Bundesländern möglich):

> Ausgefüllter Antrag

> Versicherungsnachweis,

> Kenntnisnachweis,

> Nachweis über den sicheren Umgang mit den entsprechenden Drohnen ,

> Technisches Datenblatt des Gerätes, bzw. Art des Luftfahrtgerätes, Abmessungen, Art des Antriebs, Gesamtmasse, Art der Steuerung und Beschreibung der Sicherheitseinrichtung für den Fall des Versagens von Systemkomponenten sowie Angaben zur Nutzlast,

> Einsatzzweck des Betriebes (hier sehr wichtig), bzw. im Fall der Ausnahmeerlaubnis: den Zweck des Betriebs, für den die Ausnahmeerlaubnis erteilt werden soll und eine Begründung, die eine Ausnahme rechtfertigt,

> bei juristischen Personen Auszug aus dem Handels- oder Vereinsregister.

> Erklärung der Einhaltung des Datenschutzes und weiterer Schutzrechte (Lärm, Natur und Persönlichkeitsrechte)

Und zusätzlich:

> Lageplan mit Eintragung des Aufstiegsortes und Flugraumes, Angabe der Aufstiegsstelle (Gemarkung, Flur- und Flurstückbezeichnung oder Ort, Straßenbezeichnung und Hausnummer)

> Einverständniserklärung des Grundstückseigentümers oder sonstigen Berechtigten der Aufstiegsstelle

> Angaben über den Zeitraum (Datum und Uhrzeiten) und Anzahl sowie Dauer der Aufstiege

> weiter für den Nutzungszweck erforderliche Unterlagen, insbesondere
> • eine Unbedenklichkeitserklärung der zuständigen Ordnungsbehörde/Polizeidienststelle
> • Angaben zum Befeuerungssystem bei Nachtflügen
> • innerhalb von naturschutzrechtlichen Schutzgebieten: Gestattung bzw. Unbedenklichkeitsbescheinigung der zuständigen Naturschutzbehörde

> in den Fällen des § 21b Absatz 1 Satz 1 LuftVO, bei denen eine Zustimmung hätte eingeholt werden können, eine Begründung, warum dies nicht geschehen ist. Dies gilt nicht für die Fälle innerhalb von § 21b Absatz 1 Satz 1 Nummer 5 LuftVO

> ggf. Unterlagen gemäß SORA-GER[168] oder weitere Unterlagen und Gutachten

Bei allgemein erteilten (Sonder-) Erlaubnissen oder Verbotsausnahmen können weniger Unterlagen gefordert werden (eher wie bei der Allgemeinerlaubnis). Fragen Sie hierzu Ihre Landesluftfahrtbehörde

Jetzt wollen wir einen detaillierten Blick auf die zusätzlichen und noch nicht zuvor erwähnten Dokumente werfen:

Genehmigung des Grundstückseigentümers
Hierzu lesen Sie an verschiedenen Stellen im Buch mehr.

Lageplan
Einen Lageplan können Sie bspw. mit Google-Earth erstellen. Hierfür können Sie den Ort suchen, einen Screenshot machen, dann in Programmen wie Paint.net oder Photoshop weiterbearbeiten und die entsprechenden Bereiche farblich markieren (beachten Sie aber die Copyrights und Rechte Dritter). Eine entsprechende Skizze könnte in etwa die Gestalt der Abb. 9.1 haben.

Abb. 9.1:   Musterbeispiel eines Lageplans (Quelle Kartenmaterial: Openstreetmap)

Abb. 9.2:   Das Foto zum Lageplan von Abb. 9.1

Der Nachweis über den sicheren Umgang

(oder auch Befähigungsnachweis genannt) wird nicht in jedem Bundesland gefordert. In Niedersachsen ist ein praktischer Befähigungsnachweis zwingend für Sonder- und Einzelerlaubnisse erforderlich. Doch wie kann dieser beigebracht werden? Hier einige Möglichkeiten:

Der Besuch einer Schulung bzw. eines Seminars einer anerkannten Stelle (oder beim Hersteller) mit praktischer Prüfung: Schulungen sind mittlerweile flächendeckend im Bundesgebiet vorhanden. Leider waren diese bisher durch unterschiedliche Qualitäten und Preise geprägt. Durch die neue LuftVO wurden erstmals Standards zu Kenntnisnachweisen durch §21d gesetzt: Die anerkannten Stellen. Auch den Befähigungsnachweis sollten Sie dort anfragen. Viele der Stellen haben schon über Jahre Schulungen angeboten und bieten auch praktische Kenntnisnachweisprüfungen an. Alternativ kann auch die Schulung/ Einführung durch den Hersteller Anerkennung finden.[169]

> **Vergleichen Sie die Angebote der Schulungen sorgfältig und lassen Sie sich vorab über die Inhalte und den Umfang aufklären. Die Schulung sollte eine anerkannte Stelle durchführen!**

Bestehende Erlaubnisse

Eine zusätzliche Möglichkeit stellt die Anerkennung einer Erlaubnis eines anderen Bundeslandes als Nachweis der Sachkunde dar. Auch wird bei einer bereits in Niedersachsen bestehenden Erlaubnis kein zusätzlicher Nachweis über den sicheren Umgang fällig, da ja bereits bei Ersterteilung eine ähnliche Qualifikation vorgelegt werden musste.[170]

„Reicht es nicht, wenn ich Ihnen sage, dass

ich schon seit 3 Jahren unfallfrei fliege?"

Eine Selbstbeurkundung kann in Niedersachsen nicht anerkannt werden. Ebenso reicht ein vorgelegtes Flugbuch oder ein Auszug der DJI Go App auch nicht aus. Dies gilt auch für andere Bundesländer.

Weitere für den Nutzungszweck erforderliche Unterlagen

Im bestimmten Bereichen oder für manche Zwecke werden weitere Unterlagen benötigt. Hier die wichtigsten:

Unbedenklichkeitsbescheinigung der Ordnungsbehörde/ Polizei

Kaum einer kennt die Gegebenheiten vor Ort besser als die Kommunalverwaltung. Daher ist von dieser bei innerörtlichen Flügen oder Flügen bei Veranstaltungen eine Unbedenklichkeitsbescheinigung einzuholen und der Luftfahrtbehörde vorzulegen. Inhaltlich kann diese etwa folgenden Wortlaut haben:

„Unter Berücksichtigung der durch die Luftfahrtbehörde erlassenen Auflagen der Einzelerlaubnis sprechen aus Sicht der Kommune **XY** keine Bedenken gegen einen Aufstieg auf dem Gelände **XY** am **TT.MM.JJJJ** in der Zeit von **HH:MM** bis **HH:MM**."

Unbedenklichkeitsbescheinigung der Nationalparkverwaltung/ Naturschutzbehörde

In Naturschutzgebieten ist diese Bescheinigung oder auch Erlaubnis ebenfalls vorab einzuholen. In Niedersachsen handelt es sich u. a. um die Naturschutzgebiete Wattenmeer und Nationalpark Harz.

Auch Für Landschaftsschutzgebiete sind entsprechende Freigaben einzuholen und beim Antrag vorzulegen.

Flugverkehrskontrollfreigabe der Flugverkehrskontrollfreigabestelle

Vor Flügen im kontrollierten Luftraum ist die Flugverkehrskontrollfreigabestelle zu beteiligen. Nur mit einer Freigabe kann die Einzelerlaubnis erteilt werden.

Abb. 9.3:   Nicht jeder Aufstieg ist möglich (Quelle: DFS Deutsche Flugsicherung & DJI GmbH)

Die Risikobewertung gemäß SORA[1]

Sobald der Betrieb über den gewöhnlichen hinausgeht oder eine Sondererlaubnis gem. § 21b LuftVO außerhalb des vereinfachten Verfahrens benötigt wird, herrscht ein erhöhtes Risiko und es ist künftig eine Risikoanalyse, das so genannte SORA, im Rahmen einer Einzelfallprüfung erforderlich.[171] Bei Bedarf kann dieses an ein Gutachten eines Sachverständigen geknüpft werden.[172] Ebenso kann ein SORA (bei hoher Risikostufe) in Form von einem Handbuch gefordert werden, in dem Maßnahmen zur Gefahrenminimierung festgehalten werden.[173] Die Drohne sowie der Steuerer sollen diverse Qualitätsstandards erfüllen, um einer Erlaubnis gerecht zu werden.

Sonstige Freigaben

In speziellen Fällen sind auch andere Behörden etc. zu beteiligen. Im Rahmen der Einzelerlaubnis sollte man generell mit seiner Luftfahrtbehörde vorab in Kontakt treten und erfragen, welche Dokumente zur Erteilung bei Ihrem Einzelfall benötigt werden.

Die allgemeine Ausnahme- bzw. Sondererlaubnis

Je nach Bundesland kann anstatt einer Einzelerlaubnis in bestimmten Fällen eine allgemeine Sondererlaubnis erteilt werden. Diese Erlaubnisform stellt ebenfalls eine Ausnahme von Verboten nach § 21b LuftVO dar. Die Erlaubnis gilt im Allgemeinen (langfristig), ist aber nicht mit einer Allgemeinerlaubnis nach § 21a LuftVO gleichzusetzen.

---

1   SORA ist im Anhang der aktuellen NfL 1-1163-17 sehr umfangreich dargestellt. Sie sollten die NfL unbedingt sichten.

In Niedersachsen kann eine allgemeine Ausnahme- bzw. Sondererlaubnis derzeit für folgende Einsätze von unbemannten Systemen oder Flugmodellen erteilt werden:

> mit Verbrennungsmotor (§ 21a Abs. 1 Nr. 2 LuftVO)
> über und in einem seitlichen Abstand von 100 m von:
>   • der Begrenzung von Industrieanlagen oder Anlagen der Energieerzeugung und −Verteilung (§ 21b Abs. 1 Nr. 3 LuftVO).
>   • Bundesfernstraßen, Bundeswasserstraßen und Bahnanlagen (§ 21b Abs. 1 Nr. 5 LuftVO)
> Über Wohngrundstücken (§ 21b Abs. 1 Nr. 7 LuftVO).
> In Flughöhen über 100 Metern über Grund (§ 21 Abs. 1 Nr. 7 LuftVO).
> in weniger als 100 m zu Menschenansammlungen. (§ 21b Abs. 1 Nr. 2. LuftVO[174]

In allen anderen Fällen ist nur eine Einzelerlaubnis in Niedersachsen möglich.

Üblicherweise müssen Sie für eine allgemeine Sondererlaubnis neben den Unterlagen einer Allgemeinerlaubnis eine ausführliche Begründung vorlegen, warum eine Ausnahme des Verbotes erfolgen soll.

Die Begründung sollte mehr beinhalten als „Luftbilderstellung", da bei einer Ausnahme eines Verbotes auch immer die Rechte von Dritten tangiert oder eingeschränkt werden. So werden bspw. bei der Erteilung einer allgemeinen Sondererlaubnis zum Überflug von Wohngrundstücken gleichzeitig die Grundrechte der Überflogenen (u.a. Art. 1,2 GG, auch Art. 13 GG) übergangen. Eine Begründung liegt zum Beispiel dann vor, wenn ein Immobilienmakler Luftbilder für Exposees anfertigt. Hierbei kann es leicht zu einer ablehnenden Haltung eines Nachbarn kommen, über dessen Grundstück auf Grund der Perspektive geflogen werden müsste. Ähnlich sieht es bei dem Dachdecker aus, der ein Dach bei einem Mehrfamilienhaus begutachten soll und auf eine Mietpartei trifft, die das Einverständnis verweigert. Ob die reine Luftbilderstellung von Häusern ausreichen kann, ist vermutlich föderal unterschiedlich angesehen und bedarf einer sehr guten Begründung. Sofern Sie Windkraftanlagen inspizieren und zwangsläufig die 100m Grenze übersteigen müssen, reicht hingegen vermutlich eine Erwähnung des geplanten Einsatzes.

In der Erlaubnis kann mittels Nebenbestimmungen dann eingeschränkt werden. So kann der Immobilienmakler mit folgenden Nebenbestimmungen des vereinfachten Verfahrens gem. NfL 1-1163-17 rechnen:

Von dem Verbot des Betriebs über Wohngrundstücken ohne ausdrückliche Zustimmung des betroffenen Eigentümers oder sonstigen Nutzungsberechtigten wird der Steuerer befreit, wenn:

1. das unbemannte Fluggerät eine Startmasse von weniger als 2 kg hat

2. die Luftraumnutzung durch den Überflug über dem betroffenen Grundstück zur Erfüllung des Zwecks für den Betrieb unumgänglich ist, sonstige öffentliche Flächen oder Grundstücke, die keine Wohngrundstücke sind, für den Überflug nicht sinnvoll nutzbar sind und die Zustimmung des Grundstückseigentümers oder sonstigen Nutzungsberechtigten nicht in zumutbarer Weise eingeholt werden kann

3. der Steuerer alle Vorkehrungen trifft, um einen Eingriff in den geschützten Privatbereich und das Recht auf informationelle Selbstbestimmung der betroffenen Bürger zu vermeiden. Dazu zählt, dass in ihren Rechten Betroffene nach Möglichkeit vorab zu informieren sind sowie das Einhalten einer ausreichenden Flughöhe von mindestens 30 Metern und

4. das unbemannte Fluggerät über einem Wohngrundstück nicht länger als 30 Minuten täglich an maximal vier Tagen im Kalenderjahr betrieben wird

Ist das Gerät schwerer als 2 kg oder der Betrieb niedriger als 30m, ist ein SORA einzureichen und es gelten vermutlich strengere Nebenbestimmungen.

Für den Windkraftanlage-Inspekteur könnte eine Nebenbestimmung für einen Betrieb über 100m AGL folgenden Wortlaut haben: „Der Betrieb über 100m über Grund kann allgemein wahrgenommen werden, wenn die Windkraftanlagen als Luftfahrthindernis eingetragen sind, der Einsatz nicht über den höchsten Punkt der Anlage hinausgeht und der Einsatz in einem Radius von 50m um die Windkraftanlage erfolgt." Mit einer solchen Begrenzung wird folgendes erreicht: 1. Für den bemannten Luftverkehr findet keine Gefährdung statt, weil Luftfahrthindernisse umflogen werden und 2. werden Personen am Boden kaum gefährdet, weil WKA im Außenbereich betrieben werden und sich darunter selten Personen befinden (dürfen).

Für die Verkehrswege gem. § 21b Abs. 1 Nr. 5 LuftVO werden gem. NfL 1-1163-17 im vereinfachten Verfahren folgende Nebenbestimmungen erlassen:

Von dem Verbot des Betriebs über und in einem seitlichen Abstand von weniger als 100 Metern von Bundesfernstraßen, Bundeswasserstraßen und Bahnanlagen wird der Steuerer befreit, wenn:

1. die Höhe des Fluggeräts über Grund stetskleiner als der seitliche Abstand zur Infrastruktur und der seitliche Abstand zur Infrastruktur stets größer als 10 Meter (1:1-Regelung) ist oder

2. der Überflug zügig erfolgt, d.h., ohne jegliches Verweilen über dem betreffenden Verkehrsweg, wobei:
   * der seitliche Abstand zu Wasser-, Kraft und Schienenfahrzeugen stets größer als 50 Meter ist
   * ein darüber hinaus gehender, angemessener seitlicher Abstand zu dem Fahrzeug eingehalten wird, wenn dies erforderlich ist, um Gefahren für das Fahrzeug oder seine Ladung auszuschließen
   * das Fluggerät mindestens 50 Meter über Grund oder Wasser betrieben wird und - Schifffahrtsanlagen (z. B. Schleusen, Schiffshebewerke und Wehre) nicht überflogen werden

Denkbar wäre für abweichende Erlaubnisse eine Berücksichtigung der Verkehrsdichte und Geschwindigkeit, sodass innerorts oder bei Geschwindigkeiten von max. 50 km/h der Abstand auch verringert werden kann, sofern keine Gefahren bestehen. Hingegen sollte in solchen Fällen bei Bundesautobahnen der Sicherheitsabstand vergrößert werden. Ebenso sollte man bei stark befahren Straßen eher größere Abstände wählen, um Gefahren auszuschließen.

Auch für Menschenansammlungen kann für bspw. Hochzeitsfotographen eine vereinfachte Sondererlaubnis gem. NfL 1-1163-17 erteilt werden, sofern die Höhe des Fluggeräts über Grund stets kleiner als der seitliche Abstand zur Menschenansammlung und der seitliche Abstand zur Menschenansammlung stets größer als 10 Meter (1:1-Regelung) ist.

Definition 1:1-Regelung (Abstand gleich maximale Höhe):
10 Meter Abstand bedeutet 10 Meter maximale Flughöhe.

TIPP: Fragen Sie bei Ihrer Landesluftfahrtbehörde nach den Modalitäten und Nebenbestimmungen.

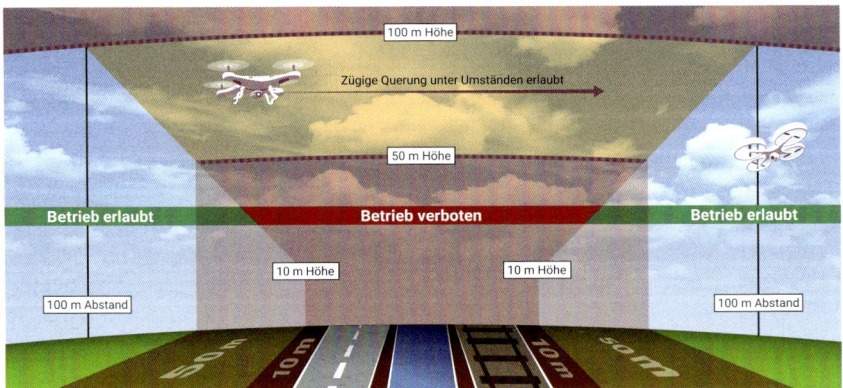

Abb. 9.4:   1:1-Regel

Frage 1: Eine allgemeine Sondererlaubnis ermöglicht den Ausnahmebetrieb über einen ... Zeitraum.

    (A) kurzen ◯

    (B) langen ◉

Frage 2: Neben den „normalen" Unterlagen muss der Antragssteller einer Einzelerlaubnis weitere Unterlagen vorlegen. Welche allerdings nicht?

    (A) Erlaubnis Grundstückseigentümer ◯

    (B) Freigabe DFS ◯

    (C) Garantiezertifikat der Drohne ◉

    (D) Lageplan ◯

Frage 3: Eine Einzelerlaubnis ist ...

    (A) teurer als eine allgemeine Betriebserlaubnis. ◯

    (B) an weniger Prüfaufwand gebunden. ◯

    (C) zeitlich eng befristet. ◉

    (D) unabhängig einer Versicherung zu erteilen. ◯

Frage 4: Was muss der Lageplan nicht beinhalten?

    (A) Adresse(n) ◯

    (B) Uhrzeit(en) ◯

    (C) Datum ◯

    (D) Steuerer ◉

Frage 5: Was muss der Befähigungsnachweis attestieren?

    (A) Kenntnisse im Luftrecht ◯

    (B) Kenntnisse der Betriebsgrenze ◯

    (C) Praktische Flugkenntnisse ◉

    (D) Luftfahrzeugkunde ◯

Frage 6: Bei welchen Flügen ist eine Unbedenklichkeitsbescheinigung der Polizei/Ordnungsbehörde erforderlich?

    (A) Innerorts ◉

    (B) außerorts ◯

    (C) nur unter 50m AGL ◯

    (D) keine der Antworten ◯

Kapitel 10: LBA-anerkannte Stelle und die Prüfung des Kenntnisnachweises im Detail

Wie Sie bereits zuvor gelesen haben, muss eine anerkannte Stelle beim Luftfahrt-bundesamt einige Rahmendaten erfüllen. Hierzu hat das LBA eine Anforderungs-liste publiziert. Um sich als Stelle anerkennen zu lassen, muss der Antragsteller einen schriftlichen Antrag einreichen und diverse Nachweise beifügen. Sofern die Prüfungsergebnisse ein ausreichendes Votum haben, so bekommt die anerkannte Stelle eine Anerkennungsurkunde und eine A.St.- Nummer.[175]

Der Kenntnisnachweis wird nach erfolgreicher Prüfung der Wissensbereiche Betrieb, Navigation, luftrechtliche Grundlagen und Luftraumordnung durch die anerkannte Stelle erteilt, wenn mindestens 75% der Fragen schriftlich korrekt be-antwortet werden.[176] Die Prüfungsfragen kommen hierbei nicht aus einem bun-deseinheitlichen Fragenkatalog[1], sondern sind von der anerkannten Stelle selbst zu gestalten.

Grundlage hierfür ist folgender Prüfungssyllabus (Lehrplan), der nach eigenem Be-lieben der anerkannten Stelle erweitert oder vertieft werden kann:[177]

A) Luftrecht

> **Gesetzliche Grundlagen, föderale Struktur (1 Frage)**
> Bsp.: Sie wohnen in Niedersachsen und planen einen Einsatz mit einem Qua-drokopter mit MTOW 6 kg in Magdeburg. Wo beantragen Sie die Erlaubnis?

> **LuftVG, SERA, LuftVO, soweit UAS-relevant (je 1 Frage)**
> Bsp.: Wo finden Sie die Vorgaben zur Nachtzeit?

> **Aufstiegserlaubnisse: Notwendigkeit, Gültigkeit, Einzel-/Dauer- erlaub-nis, Antragsverfahren (2 Fragen)**
> Bsp.: Sie betreiben eine Drohne über 5 kg. Ist eine Erlaubnis erforderlich?

> **beteiligte Behörden und andere Stellen bei Aufstiegsgenehmigungen (1 Frage)**
> Bsp.: Sie wollen von dem Marktplatz aus ein UAS betreiben, welche Stellen müssen Sie beteiligen?

> **Luftraumstruktur (Lufträume C, E, F, G, kontrolliert/unkontrolliert) (2 Fragen)**
> Bsp.: Ab welcher Höhe befinden Sie sich im Luftraum E?

> **Flugbeschränkungsgebiete (1 Frage)**
> Bsp.: Welche Freigabe ist bei Nutzung eines Flugbeschränkungsgebiet zwingend erforderlich?

> **UAS-Flugverbotszonen (1 Frage)**
> Bsp.: Stellt der kontrollierte Luftraum eine Flugverbotszone für Drohnen dar?

---

1   in Klammern steht die minimale Anzahl an zu stellenden Fragen

> **Flugverkehrskontrolle (z.B. DFS, Freigaben etc.) (1 Frage)**
Bsp.: Stimmt es, dass die DFS Deutsche Flugsicherung für alle Freigaben für den Aufstieg in Kontrollzonen erteilt?

> **Veröffentlichungen (NfL, NOTAM; ICAO-Karte) (2 Fragen)**
Bsp.: Was wird in den Nachrichten für Luftfahrer veröffentlicht? Erklären Sie den Begriff NOTAM.

> **Bezugsquellen der Veröffentlichungen (2 Fragen)**
Bsp.: Wo können Sie sich über die aktuellen NOTAM informieren?

> **Störungs- und Unfallmeldung (1 Frage)**
Bsp.: Welcher Stelle sind Unfälle mit schweren Personenschäden oder einem Todesfall gemeldet werden? Welcher Stelle Bagatelle?

> **Kennzeichnungspflicht für UAS (1 Frage)**
Bsp.: Ab welchem Gewicht benötigen Drohnen eine Kennzeichnung?

> **Haftung (Luftfahrt-Haftpflicht, Deckungssummen, Versicherungsbedingungen) (2 Fragen)**
Bsp.: Ab welchem Gewicht muss eine Drohne versichert werden? Deckt die Privathaftpflicht Schäden, die mittels Drohne verursacht worden sind?

> **Urheberrecht, Datenschutz (2 Fragen)**
Bsp.: Was ist die so genannte Panoramafreiheit? Wann ist eine Person als „schmückendes Beiwerk" zu betrachten und kann sich nicht auf seine Rechte am eigenen Bild berufen?

> **Strafrecht, Ordnungswidrigkeiten (1 Frage)**
Bsp.: Welches höchstmögliche Bußgeld kann gegen Sie gem. § 58 Abs. 2 LuftVG verhängt werden?

B) Meteorologie

> **Mindestwetterbedingungen in Lufträumen (1 Frage)**
Bsp.: Welche Sichtweiten müssen für den Betrieb in Luftraum G vorliegen?

> **Besondere Wetterlagen und Phänomene (Niederschlag, Nebel, Gewitter, Thermik) (2 Fragen)**
Bsp.: Wo haben Sie besonders mit Turbulenzen zu rechnen?

> **Einsatzgrenzen (Wind, Temperatur) (2 Fragen)**
Bsp.: Bis zu welcher Windstärke kann die DJI Phantom die Position halten und damit einen sicheren Betrieb sicherstellen?

> **Örtliche und aktuelle Gegebenheiten (1 Frage)**
> Bsp.: Sie filmen in Küstennähe in der Abendzeit. Mit welchem Wind ist zu rechnen?

C) Flugbetrieb und Navigation

> **Flugvorbereitung (Wetter, Luftraum, örtliche Gegebenheiten) (2 Fragen)**
> Bsp.: Wie ermitteln Sie die relevanten Wetterdaten? Welche Dienste bieten Infos zu kontrollierten Lufträumen an?

> **Risikobeurteilung des Einsatzes (2 Fragen)**
> Bsp.: Stimmt es: Das Risikomanagement für Drohnen nennt man SERA. Bei welchem Einsatz herrscht viel Risiko für Dritte am Boden?

> **Notfallplanung (1 Frage)**
> Bsp.: Nennen Sie ein Notfallsystem. Was versteht man unter der Coming Home Funktion?

> **Absperrung oder Absicherung des Aufstiegsortes (1 Frage)**
> Bsp.: Nennen Sie adäquate Mittel zur Absicherung des Aufstiegsortes.

> **Einweisung von Hilfspersonen (1 Frage)**
> Bsp.: Sie wollen einen Freund als Spotter einsetzen. Was erklären Sie ihm, was seine Aufgabe sein wird?

> **Checklisten, Handbuch, systemspezifische Betriebsgrenzen (Akkulaufzeit, Windanfälligkeit, Signalabschirmung, Störquellen etc.) (3 Fragen)**
> Bsp.: Ihre Drohne zeigt an, dass der Akkuladezustand „Critical" ist. Was bedeutet dies und was unternehmen Sie?

> **Einholung von Freigaben, Abgabe von Meldungen (1 Frage)**
> Bsp.: Sie wollen innerorts einen Flug im Rahmen Ihrer Erlaubnis durchführen. Welche Stellen sind vorab zu informieren?

> **Programmierung des Gerätes; Fehlerquellen (1 Frage)**
> Bsp.: Sie nutzen ein iPhone als Device zur Bildübertragung und befinden sich an der Grenze des Sichtkontaktes. Plötzlich kommt ein Anruf auf dem Gerät an. Wie hätten Sie dies verhindern können?

> **Systemausfall-Reaktionen und Möglichkeiten (Unterbrechung der Funkstrecke, Verlust GPS Signal, Störquellen/ -ursachen für Signale) (2 Fragen)**
> Bsp.: Wie reagiert das Gerät auf einen Verlust des GPS-Signals? Nennen Sie Ursachen für einen GPS Verlust.

> **Grobe Höhen- und Entfernungsschätzung (je 1 Frage)**
> Bsp.: (Bild liegt vor): In welcher Höhe und Entfernung befindet sich das Gerät. In praktischer Prüfung: Steuern Sie die Drohne zu dem Misthaufen in 40 m Höhe, ohne die telemetrischen Daten zu nutzen.

> **Erkennen der Ausrichtung des Geräts und angemessene Reaktion hierauf (1 Frage)**
> Bsp.: (Bild liegt vor): Bestimmen Sie die Ausrichtung der Drohne.

> **Flugaerodynamik (Kurvenflug, Steig- und Sinkgeschwindigkeit) (2 Fragen)**
> Bsp.: Erklären Sie den Unterschied zwischen „kippen" und „rollen".

> **Einschätzung äußerer Gegebenheiten und deren Einfluss auf das Flugverhalten (1 Frage)**
> Bsp.: Ihr Aufstiegsort ist ein Park zur Nachmittagszeit. Womit ist zu rechnen, wenn ein Bürger seinen Hund Gassi führt und diesen anleint?

> **Kenntnis und Ausführung von notwendigen Reaktionen z. B. bei Annäherung bemannter Luftfahrzeuge, Verlust des Sichtkontaktes, Sender-/Empfängerausfall (2 Fragen)**
> Bsp.: Sie verlieren den Sichtkontakt zu Ihrem Gerät und befinden sich in einem Waldstück mit sehr hohen Bäumen. Wie reagieren Sie?

Die Prüfungen müssen analog zu der Gültigkeit des Kenntnisnachweises 5 Jahre archiviert werden.[178]

Die Prüfung kann schriftlich oder auch EDV-gestützt abgelegt werden. Preise erfragen Sie bei Ihrer anerkannten Stelle. Eine Liste aller anerkannten Stellen finden Sie auf www.lba.de

Kapitel 11: Voraussetzungen, Kosten und Besonderheiten meines Bundeslandes

Planmäßig standen im Basiswissen 2016 (Dr. Drohne) hier die Voraussetzungen der einzelnen Bundesländer und die Dokumente, die Sie für die verschiedenen Erlaubnisse vorzulegen haben. Diese Übersicht war kurzweilig sehr praktisch, zeigte aber Mängel auf längere Sicht. So änderten innerhalb von einem Quartal fünf Bundesländer elementare Einzelheiten. Dies brachte Verwirrungen bei der Leserschaft und entspricht nicht dem Konzept dieses Buches. Zudem ist durch die Einführung der neuen Drohnen-Regeln das Geflecht der möglichen Erlaubnisse weitaus komplexer geworden. Dies macht eine einfache Darstellung in dieser Printversion weitestgehend unmöglich. Um dem Grundgedanken dieses Abschnittes weiterhin gerecht werden zu können, habe ich das alte Muster auf den folgenden Seiten für Sie annähernd beibehalten, aber etwas Wesentliches geändert: Auf festgeschriebene Werte wurde verzichtet und dafür die Möglichkeit zum Selbsteintrag geschaffen. Dies ist keinesfalls Faulheit, sondern dem schnellen Wandel geschuldet.

Sie finden die jeweilige Internetadresse der LLB unter **www.sicherer-drohnenflug.de**. Mittels Kästchen zum Ankreuzen können Sie markieren, welche der Unterlagen vorzulegen sind und die Seiten mit Ihrer Recherche füllen. Hierzu haben Sie zwei Mal die Möglichkeit. Viel Spaß und Erfolg bei der Recherche. Ein Tipp noch: Achten Sie auch bei den Internetseiten auf das letzte Aktualisierungsdatum und rufen Sie notfalls bei der zuständigen LLB an.

Wenn Sie mehr Vorlagen brauchen, können Sie diese unter **www.dr-drohne.de** im Downloadbereich herunterladen.

Checkliste - Aufstiegserlaubnis

◉ Allgemeinerlaubnis / ○ Allgemeinverfügung

☐ Ausgefüllter Antrag mit persönlichen Daten

☐ Datenschutzerklärung

☐ Versicherungsnachweis mit ersichtlicher Deckungssumme für gewerbl. Einsatz

☐ Handelsregisterauszug oder Gewerbeanmeldung

☐ Kenntnisnachweis gem. § 21d LuftVO

☐ erweiterter Kenntnisnachweis

☐ Flugbuch

☐ Technisches Datenblatt

☐ ....

Anfrage am:	___.___.20___	___.___.20___
Befristung:	_____ Jahre	_____ Jahre
Verwaltungsgebühren:	_____ €	_____ €
Verlängerung:	_____ Jahre	_____ Jahre
Verwaltungsgebühren:	_____ €	_____ €
Änderungskosten:	_____ €	_____ €
Anerkennung anderer AEs:	☐ Nein ☐ Ja	☐ Nein ☐ Ja
Anerkennung Kosten:	_____ €	_____ €
Bearbeitungszeit:	_____ Tage	_____ Tage

Einzelerlaubnis

☐ wie Allgemeinerlaubnis

Und zusätzlich:

☐ Zustimmung des Grundstückseigentümers vom Aufstiegsort

☐ Detailgetreue Angabe von Aufstiegsort- und Zeit

☐ Geplante Anzahl der Aufstiege

☐ Lageplan mit Aufstiegsgebiet (z. B. Google Maps)

☐ Einverständniserklärung der Ordnungsbehörden/ der örtlichen Polizei

☐ Flugverkehrskontrollfreigabe

☐ SORA – Risikoanalyse

☐ Nachweis: ☐ ausreichender Beleuchtung ☐ gem. SERA

☐ ....

☐ ....

Anfrage am:	__.__.20__	__.__.20__
Verwaltungsgebühren:	_____ €	_____ €
Bearbeitungszeit:	_____ Tage	_____ Tage
Besonderheiten:		

Allgemeine Sondererlaubnis

☐ nicht möglich

☐ nur möglich für Ausnahmen von § 21b Abs. 1 Nummer … LuftVO

    ☐ außer Sicht
    ☐ über Menschenansammlungen
    ☐ Unglückorte etc.
    ☐ Einsatzorte Militär
    ☐ Industrieanlagen
    ☐ Justizvollzugsanstalten etc.
    ☐ Energieerzeuger etc.
    ☐ Grundstücke Verwaltungen
    ☐ Bundesfernstraßen, Wasserstraßen etc.
    ☐ Naturschutzgebiete
    ☐ Wohngrundstücke
    ☐ über 100m AGL
    ☐ Kontrollzone über 50m AGL
    ☐ Abs. 2) über 25 kg MTOW.

Unterlagen:

☐ wie Allgemeinerlaubnis

☐ wie Einzelerlaubnis

Und zusätzlich:

☐ ....

☐ ....

☐ ....

Besonderheiten und Notizen:

Kapitel 12: Luftrecht VIII – Was darf ich mit meiner Drohne? Weitere Rechte, Pflichten und Verbote für Erlaubnisinhaber

In diesem Kapitel werden weitere Rechte, Pflichten und Verbote aufgeführt. Es kann durchaus zu Dopplern mit Inhalten aus vorherigen Kapiteln kommen, die Sie trotzdem nicht überspringen sollten. Gerade diese Punkte sind dem Gesetzgeber wichtig und sollten nicht vergessen werden!

Flugbuch

Als Erlaubnisinhaber ist man verpflichtet ein entsprechendes Flugbuch zu führen, auf Modellflugplätzen gilt oftmals ähnliches. In einigen Ländern ist die Führung eines Flugbuches sogar gesetzlich vorgeschrieben. Die digitalen oder handschriftlichen Aufzeichnungen sollten mindestens folgende Angaben enthalten (laut NfL, ergänzt):

> Name des Steuerers
> Datum, Uhrzeit und Gesamtflugzeit
> Genaue Ortsbeschreibung
> Bezeichnung der Drohne
> Anzahl der Starts und Landungen
> (ggf. Einsatzzweck)
> (ggf. Wetterlage)
> Besonderheiten, Vorkommnisse oder Betriebsstörungen (bspw. Akkuprobleme, Unfall, Störungen)

Das Flugbuch ist mindestens zwei Jahre aufzubewahren, bei der Ausübung mitzuführen und der Behörde oder der Polizei entweder auf Verlagen oder in regelmäßigen Intervallen vorzulegen.[179]

„Ich wusste gar nicht, dass man sowas führen muss!"

Um einer Ordnungswidrigkeit zu entgehen, sollte das Flugbuch immer auf dem neusten Stand sein. Dies macht auch aus versicherungstechnischer Sicht Sinn, denn die Dokumentation gibt im Schadensfall konkrete Hinweise auf die wichtigsten Rahmendaten. Zudem kann ggf. ein eigener Fehler ausgeschlossen werden und somit auch das Eigenverschulden.

Steuerer

Der Inhaber der Erlaubnis ist nicht unbedingt auch der Steuerer. Dies ergibt sich ja schon allein aus der Tatsache heraus, dass eine Firma bzw. juristische Person ja logischerweise selbst kein Gerät steuern kann. Die in der Erlaubnis eingetragenen Steuerer sind die einzigen Steuerer, die das unbemannte Fluggerät unter dem Deckmantel der Erlaubnis steuern dürfen.[180]

Sollten in Ihrer Firma nachträglich Steuerer hinzukommen, dürfen diese ohne Nachtrag in der Erlaubnis das Gerät nicht steuern!

In dem Fall ist ein Änderungs- oder Ergänzungsantrag bei der Behörde vorab zu stellen. Damit wird sichergestellt, dass die in der Erlaubnis genannten Steuerer auch wirklich die nötige Sachkunde besitzen und nicht Jedermann mit dem unbemannten System fliegt. Es soll damit erreicht werden, dass nur Profis im sensiblen Luftraum unterwegs sind.

Flugvorbereitung

Der Steuerer hat vor dem Betrieb des unbemannten Luftfahrtsystems eine ordnungsgemäße Flugvorbereitung im Sinne von Anhang SERA.2010 Buchstabe b der Durchführungsverordnung (EU) Nr. 923/2012 durchzuführen: „Vor Beginn eines Flugs hat sich der verantwortliche Pilot eines Luftfahrzeugs mit allen verfügbaren Informationen, die für den beabsichtigten Flugbetrieb von Belang sind, vertraut zu machen." Insbesondere die örtliche Luftraumstruktur und ihre Anforderungen sind zu berücksichtigen. Vor Beginn des Betriebes, sollte man sich also über die örtlichen Gegebenheiten und wetterbedingten Umstände informieren. Folglich gilt es zu klären, ob Flugplätze oder Flughäfen in der Nähe sind, in welchem Luftraum man sich befindet und ob evtl. an dem Tag bspw. ein Stadtfest stattfindet und man an dem geplanten Ort vielleicht doch nicht aufsteigen kann.

Für den konkreten Betriebszweck der jeweils eingesetzten Drohne könnte hierfür vorab vom Steuerer eigenverantwortlich eine Risikobewertung gem. SORA-GER durchgeführt werden. Für die Beurteilung und Vorbereitung werden bspw. die Luftfahrtkarte ICAO 1:500.000 und weitere Informationen der Flugsicherungen oder spezieller Apps wie z. B. der DFS Drohnen-App verwendet. Außerdem gilt es, jedes Mal einen Plan B im Hinterkopf zu haben, um im Notszenario „Funkausfall" richtig agieren zu können. Wichtig ist hier, dass dieser Plan vorher theoretisch durchgespielt wird, denn im Notfall bleibt keine Zeit für die Erstplanung.[181] So sollte bspw. die Höhe des Return-To-Home nicht zu niedrig gewählt werden, um Kollisionen mit Gebäuden usw. zu vermeiden. Sollten vor Ort erhebliche Abweichungen zur Flugplanung vorliegen, so ist dieser Prozess mit den neuen Gegebenheiten inklusive Risikobewertung erneut durchzuführen. Eine Flugvorbereitung sollte auch durchgeführt werden, wenn Sie Ihr unbemanntes Fluggerät auf einem Modellflugplatz betreiben wollen. Vorher festgelegte Notfallverfahren sind unbedingt einzuhalten.

Start- und Landeplatz und die Luftraumbeobachtung

Vor dem Betrieb des unbemannten Luftfahrtsystems ist der Start- und Landeplatz im Sinne der Flugvorbereitung abzusichern, um jegliche Gefährdung von Dritten auszuschließen. Der Start- und Landeplatz kann zum Beispiel mit Flatterband abgesperrt werden, damit Unbefugte sich dort nicht aufhalten. Alternativ kann auf der Landefläche ein „Landeplatz-Banner" ausgelegt werden. Dieser stellt einen optischen Begrenzer dar. Zudem ist ein solcher Banner mit der Kamera des Multikopters gut zu erfassen und hilft bei der Landung.[182] Im Idealfall wird der Betrieb mit mindestens einem Spotter vollzogen, der auch auf Dritte Acht gibt und ggf. auf Besonderheiten aufmerksam macht. einfügen: Der Spotter hilft auch bei der Sicherstellung einer ausreichenden Luftraumbeobachtung zur Einhaltung der Ausweichregeln gem. § 21f LuftVO.

Flugplätze und Flughäfen

Inhaber einer Allgemeinerlaubnis (nach § 21a LuftVO) haben entsprechend folgende Auflage zu berücksichtigen: „Auf Flugplätzen oder in einer Entfernung von weniger als 1,5 km von der Begrenzung von Flugplätzen ist rechtzeitig vor dem Betrieb des unbemannten Fluggeräts die Zustimmung der Luftaufsichtsstelle, der Flugleitung oder des Betreibers am Flugplatz einzuholen."[183]

Flugverkehrskontrollfreigabe

Im Kontrollierten Luftraum wird unabhängig von einer Erlaubnis der Landesluftfahrtbehörde immer eine Flugverkehrskontrollfreigabe gemäß § 21 Abs. 1 Nr. 5 LuftVO benötigt. Machen Sie bei der Beantragung Angaben zum Ort, der Flughöhe und der Einsatzzeit.

Erlaubnis des Grundstückseigentümers

Starts und Landungen dürfen nur mit Zustimmung erfolgen. Alternativ zum Grundstückeigentümer kann auch der Verfügungsberechtigte sein Einverständnis geben. Wichtig ist hier, dass das Einverständnis für die Dauer des Einsatzes aufrechterhalten bleiben sollte.[184] Lassen Sie sich das Einverständnis schriftlich bestätigen.

Betriebsgrenzen einhalten

Das unbemannte Luftfahrtsystem darf nur unter den Bedingungen und innerhalb der Betriebsgrenzen der Betriebsanleitung bzw. der Gebrauchsanweisung des Herstellers betrieben werden. TIPP: Achten Sie darauf, dass die öffentliche Sicherheit und Ordnung, insbesondere Personen, Tiere, Sachen von bedeutendem Wert oder Anlagen nicht gefährdet oder mehr als notwendig gestört werden.[185]

Dies macht auch aus versicherungstechnischer Sicht oder im Rahmen der Garantieansprüche Sinn. Stellen Sie sich vor, dass Sie die Grenzen der Drohne überschreiten und hierdurch eine Panne oder ein Unglück geschieht. Vermutlich wird die Garantie nicht bestehen bleiben oder die Versicherung nicht zahlen, wenn Ihnen die Überschreitung nachgewiesen wird.

Benachrichtigungspflichten gegenüber Ordnungsbehörden

Vor den jeweiligen Starts innerorts oder im Rahmen von Veranstaltungen sind die Ordnungsbehörden zu informieren, genauer das Ordnungsamt der jeweiligen Kommune und/ oder die Polizei vor Ort.[186]

Bei einer Einzelerlaubnis ist, wie Sie bereits wissen, eine Unbedenklichkeitsbescheinigung vorab eine Notwendigkeit. Bei einer Allgemeinerlaubnis hingegen muss lediglich eine Information an das Ordnungsamt und die Polizei für die geplante Aufstiegszeit vorab gegeben werden. Der Zweck ist hier, dass bei eventuellen Großevents oder ähnlichem dem Steuerer diese Information zugänglich gemacht und ggf. der Aufstieg untersagt wird.

„Ich muss da doch nur anrufen, oder?

Richtig: Es ist ein rein deklaratorischer[1] Rahmen gegeben und die Behörden haben den Aufstieg zur Kenntnis zu nehmen und nicht zu verbieten (sofern keine besonderen Events vorliegen). Das Ordnungsamt oder die Polizei kann den Betrieb des unbemannten Luftfahrtsystems nur untersagen oder einstellen lassen, wenn dies zur Abwehr von Gefahren für die öffentliche Sicherheit oder Ordnung erforderlich ist.[187] Diesbezüglich sollte der Steuerer dafür sorgen, dass er durchgängig erreichbar ist. Um optimal vorbereitet zu sein, sollte der Kontakt von Ihnen vorab gesucht werden, damit Sie über die ortstypischen Gegebenheiten ausreihend informiert sind und Besonderheiten frühzeitig berücksichtigt werden können. Machen Sie dies per Email, haben Sie etwas Schriftliches in der Hand.

Funksender und Störungen

Auch selbstverständlich: es dürfen nur Funkanlagen benutzt werden, die den geltenden Vorschriften entsprechen. Die Richtlinien werden hier von der Bundesnetzagentur festgelegt. Bei einem Abbruch des Funksignales oder auch bei der Vermutung, dass es zu einem solchen kommen könnte, ist der Betrieb sofort einzustellen oder das Notfallverhalten einzuleiten.

Hochspanungsleitungen gilt es ebenfalls zu meiden. Dies begründet sich durch die elektronischen Schwingungen, bedingt durch die Hochspannung. Hier kann mitunter der Funkkontakt zum Gerät oder das GPS abbrechen und im schlimmsten Fall nicht wiederhergestellt werden. Es kann also passieren, dass das unbemannte System autonom seinen eigenen Weg geht, es zum Fly-Away und damit verbundenen, unvorhersehbaren Schäden kommt.[188] Ähnliches kann auch passieren, wenn Sie in der Nähe von großen Hallen oder Brücken (besonders darunter) Ihre Drohne betreiben.

---

1   Das bedeutet sinngemäß „erklärend", also nicht rechtsbegründend.

Unfallmeldungspflicht

Sollte es doch einmal zu einem Unfall kommen, so ist dies unverzüglich der örtlichen Polizeidienststelle zu melden. Hierbei sind nicht nur Unfälle mit Personenschaden zu berücksichtigen, sondern auch solche mit großem Sachschaden.[189] Die Meldung hilft bei der Beurteilung, wie gefährlich der Einsatz von unbemannten Fluggeräten tatsächlich ist. Die bisher gesammelten Informationen und Erkenntnisse reichen bei weitem nicht aus, um ein entsprechend ausgereiftes Gesetz zu formulieren, welches alle Steuerer „glücklich" macht und gleichzeitig den Luftraum befriedet.

Mitführungs- und Ausweispflichten

Der Inhaber einer Allgemein- oder Einzelerlaubnis hat diese zusammen mit den Versicherungsunterlagen, einem Ausweisdokument und ggf. der Bescheinigung nach § 21a Abs. 4 LuftVO (Kenntnisnachweis) mit sich zu führen. Sollten die Luftfahrtbehörde oder die Polizei eine Einsicht verlangen, muss dies u.a. am Einsatzort möglich gemacht werden.[190] Eine zusätzliche digitale Kopie auf seinem Smartphone oder Tablet erleichtert den Umgang mit den Behörden.

Betrieb bei Nacht

Bei einer Erlaubnis für den Nachtbetrieb gilt gem. NfL 1-1163-17:
Der Betrieb des unbemannten Fluggeräts bei Nacht im Sinne des Artikels 2 Nr. 97 der Durchführungsverordnung (EU) Nummer 923/2012 darf nur durchgeführt werden, wenn:

1. die Beleuchtung des Fluggeräts in Abhängigkeit von der Entfernung zwischen Steuerer und Fluggerät jederzeit die Position und die Fluglage für den Steuerer erkennen lässt und

2. das Fluggerät ausreichend für eine Erkennbarkeit durch die bemannte Luftfahrt gekennzeichnet ist und

3. sichergestellt ist, dass eine von der Stromversorgung des Fluggeräts unabhängige Beleuchtung vorhanden ist, die die Erkennbarkeit der Position des Fluggeräts für den Steuerer und andere Luftverkehrsteilnehmer auch dann ermöglicht, wenn die bordseitige Beleuchtung ausfällt. Sofern eine von der Stromversorgung des Fluggeräts unabhängige Beleuchtung nicht vorhanden ist, ist bei Ausfall der Beleuchtung der Flugbetrieb unverzüglich einzustellen bzw. das vorab festgelegte Notfallverfahren einzuleiten.

Ein Betrieb bei Nacht ist ausgeschlossen, wenn ein oder mehrere Verbote des § 21b Absatz 1 Satz 1 LuftVO zur Anwendung kommen. Das gilt auch dann, wenn eine oder mehrere Ausnahme(n) von den Betriebsverboten allgemein zugelassen wurde(n).

Mit einer Sondererlaubnis wird man aber vermutlich auch in größerem Umfang bei Nacht das Gerät betreiben dürfen.

Weitere Bestimmungen und Hinweise[191]

Da die Privatsphäre bei uns ein sehr hohes Gut darstellt, darf mit der Drohne „nicht in den räumlich-gegenständlichen Bereich der privaten Lebensgestaltung Dritter eingedrungen werden".

> *„Mein Nachbar hat so eine Drohne und ich*
>
> *glaub, der filmt mich damit heimlich..."*

Betroffen sind hier Persönlichkeitsrechte, Urheberrechte und Datenschutz. Übergeordnet kann man feststellen, dass ein Inhaber einer Erlaubnis pro Forma nicht alles darf, schon gar nicht, wenn die Rechte Dritter sonst tangiert oder verletzt werden. Zudem ersetzt die Erlaubnis keine anderen privatrechtlichen oder öffentlichen Genehmigungen (Lärmschutz bei Ruhezeiten, Erlaubnis der Grundstücksnutzung usw.). Auch sind sämtliche Bestimmungen für den allgemeinen Luftverkehr oder die Nutzung des Luftraumes zu beachten, was in erster Linie dem Schutz der bemannten Luftfahrt und der öffentlichen Sicherheit und Ordnung dient. Verstößt man gegen eine oder mehrere (Neben-) Bestimmungen einer luftrechtlichen Erlaubnis, so stellt dies eine Ordnungswidrigkeit dar, sofern nicht andere strafrechtliche (also höherwertige) Gesetze berührt werden bzw. übergeordnet sind (bspw. das Strafgesetzbuch). Dies wäre zum Beispiel der Fall, wenn unser Gerät abstürzt und einen Passanten verletzt oder gar tötet. Hier ist die fahrlässige Schädigung höher einzustufen, als die Tatsache einer nicht vorhandenen Erlaubnis. Da die Erlaubnis unter Vorbehalt des Widerrufs erteilt wird, darf die Erlaubnisbehörde nachprüfen, ob die Grundvorrausetzung der Erteilung noch vorliegen.

Ein Widerruf kommt insbesondere dann in Betracht, wenn Tatsachen bekannt werden, die bereits bei Antragstellung zu einer Ablehnung geführt hätten, sich Änderungen ergeben haben, die ebenfalls zu einer Nichterteilung führen würden, der Flugbetrieb zu Störungen der Sicherheit und Ordnung führt und nicht durch Nebenbestimmungen vermieden werden kann oder eine Ordnungswidrigkeit vorliegt. Speziell im Bereich von Ordnungswidrigkeiten, die mehrfach begangen worden sind, kann neben der Geldbuße auch noch die Erlaubnis entzogen werden. Die Behörde kann alle notwendigen Auskünfte verlangen oder auch Überprüfungen durchführen. Sollte die Erlaubnis weiterhin bestehen bleiben, weil ein Entzug nicht zumutbar wäre, so können auch verschärfende Nebenbestimmungen festgelegt werden. Bei Änderungen ist ein entsprechender Antrag zu stellen.

„Ich will/muss über 100m aufsteigen,

was kann ich da machen?"

Wenn ein Einsatz geplant ist, der den in der Erlaubnis gesetzten Rahmen verlassen soll bzw. übersteigt, so ist eine separate (Einzel-) Erlaubnis zu beantragen.[192] Hier sind wieder alle bereits genannten Formulare und Dokumente zu erbringen und rechtzeitig bei der Behörde einzureichen. Auf den jeweiligen Internetseiten der Landesluftfahrtbehörden und auf der Internetseite **www.sicherer-drohnenflug.de** können nützliche Informationen zum Betrieb von unbemannten Luftfahrtsystemen sowie landesspezifische Besonderheiten gefunden werden.

Kennzeichnungspflicht

Der Eigentümer des unbemannten Fluggeräts muss gem. § 19 Abs. 3 LuftVZO seit dem 1. Oktober 2017 an sichtbarer Stelle seinen Namen und seine Anschrift in dauerhafter und feuerfester Beschriftung an dem unbemannten Fluggerät angebracht haben, sofern die Startmasse mehr als 0,25 kg beträgt. Eine Nichtbefolgung stellt somit eine Ordnungswidrigkeit dar (Verstoß gegen LuftVZO).

Abb. 12.1:   Kennzeichnung an einer Drohne

Entsprechende Kennzeichnungen sind im Internet oder bei Gravur-Betrieben in Ihrer Nähe erhältlich und kosten meistens unter 10,00 €.

Der Kenntnisnachweis

Sofern der Steuerer nicht Inhaber einer gültigen Erlaubnis als Luftfahrzeugführer ist, muss er ab dem 1. Oktober 2017 für den Betrieb des unbemannten Fluggeräts mit einer Gesamtmasse von mehr als 2 kg im Besitz einer gültigen Bescheinigung zum Nachweis ausreichender Kenntnisse und Fertigkeiten sein (§ 21a Abs. 4 LuftVO). Die Bescheinigung wird von einer durch das Luftfahrt-Bundesamt anerkannten Stelle oder im Falle eines Flugmodells auch durch einen beauftragten Luftsportverband (§§ 21d, 21e LuftVO) ausgestellt. Die gültige Bescheinigung oder die Erlaubnis als Luftfahrzeugführer ist beim Betrieb des unbemannten Fluggeräts vom Steuerer mitzuführen und auf Verlangen der Luftfahrtbehörde oder Polizei vorzulegen.

Beachten Sie, dass auch dem erfahrensten Steuerer Fehler passieren können. Seien Sie daher niemals nachlässig!

Andere Teilnehmer am Luftverkehr

Eigentlich ist es eine Selbstverständlichkeit, aber da in letzter Zeit vermehrt „beinahe Zusammenstöße" mit Flugzeugen vorgekommen sind, scheinbar nicht Jedem.[193] So meldete die Deutsche Flugsicherung im Jahr 2015 14 Zwischenfälle mit Drohnen in Flughafennähe, 2016 64 Vorfälle und 2017 bereits bis August 60 Zwischenfälle. Es gilt, dass man während des Betriebes auf weiteren Flugbetrieb zu achten hat und bemanntem Flugverkehr in jedem Fall auszuweichen hat. Entsprechende Regelungen finden Sie in § 21 f LuftVO.

Frage 1: Es nähert sich ein anderes Luftfahrzeug. Wer muss ausweichen?

(A) ich ●

(B) kommt drauf an ○

(C) das andere Luftfahrzeug ○

(D) beide jeweils nach rechts ○

Frage 2: Welcher Drohnensteuerer muss ein Flugbuch führen?

(A) Jeder mit Erlaubnis ●

(B) Nur Modellflieger ○

(C) keiner ○

Frage 3: Muss der Steuerer in einer Erlaubnis erwähnt sein?

(A) ja ●

(B) nein ○

Frage 4: Wann müssen die Ordnungsbehörden / Polizei vor dem Einsatz informiert werden?

(A) bei jedem Einsatz ○

(B) bei innerörtlichen Flügen ●

(C) bei Flügen in D-CTR ○

(D) bei Nachtflügen ○

Frage 5: Störungen der Sendeleistung kommen u.a. in der Nähe von .. vor.

(A) Strommasten ●

(B) Feldern ○

(C) Wäldern ○

(D) Flüssen ○

Frage 6: Muss eine DJI Mavic (ca. 0,7 kg) eine Kennzeichnung haben?

(A) ja ●

(B) nein ○

Kapitel 13: Andere Rechts-gebiete, die eine Drohne berührt

Neben dem Luftrecht gilt es noch andere Rechtsgebiete zu beachten, die man als ambitionierter Drohnensteuerer kennen sollte.

Medienrecht, Persönlichkeitsrecht und andere Rahmenbedingungen

Das Medienrecht ist in Bezug auf Fotos allgemein sehr üppig bestückt, für Multikopter allerdings nicht. In der genaueren Betrachtung spielt das Luftrecht eine untergeordnete Rolle. Denn hier geht es primär um das Urheberrecht, Persönlichkeitsrechte und den Datenschutz.

Urheberrecht

Im Bereich des Urheberrechts gibt es einige Besonderheiten zu beachten: speziell bei Denkmälern, berühmten Bauwerken, Skulpturen und anderen baulichen Kunstobjekten. So sind Bauwerke, die sich an öffentlichen Wegen, Straßen oder Plätzen befinden, problemlos abzulichten und auch eine Veröffentlichung der Aufnahmen stellt kein Hindernis dar, solange man sich auf die äußere Ansicht beschränkt.[194]

Bei Gebäuden gilt also die „Straßenansicht". Dies ist speziell in Bezug auf UAV wichtig, da man mit diesen schnell auch eine Rückansicht eines Hauses produzieren kann und die so genannte Panoramafreiheit verlässt. Hier kann es bereits zu einer Rechtsverletzung kommen und der Architekt muss ggf. sein Einverständnis geben.

Bei Bildern von kunstvoll illuminierten Gebäuden und Skulpturen ist die Veröffentlichung nicht unbedingt ohne Erlaubnis des Künstlers/ Architekten möglich, auch weil Luftbilder kontrovers zur Panoramafreiheit sind.[195] Ohne eine Veröffentlichung können die Bilder allerdings privat verwendet werden.

Bei Privatgebäuden haben keine Künstler mitgewirkt, sodass nur die Rechte des Architekten berührt werden könnten. Die Straßenansicht ist hier wieder unstrittig, die Rückansicht allerdings ggf. genehmigungspflichtig. Auch kann hier eine Verletzung der aus dem Grundgesetz resultierenden Persönlichkeitsrechte vorliegen.[196] Zudem ist davon auszugehen, dass ein Überflug von Nachbargrundstücken stattfinden muss.

 Tendenziell muss ein Überflug (ab gewisser Höhe, i. d. R. aber nur über 100m AGL) geduldet werden. Hier handelt es sich allerdings um eine Grauzone und Frage des Ermessens im Ernstfall.

Wäre man alleiniger Herr des Luftraumes über seinem Grundstück, müsste sonst jedes Luftfahrzeug eine Genehmigung zum Überflug beantragen - völlig impraktikabel und unsinnig. Da sich unbemannte Luftfahrtsysteme nur unterhalb von 100m aufhalten dürfen und man für Luftbildaufnahmen regelmäßig unter 30m fliegt, kann es schnell zu Ärger mit den Anliegern kommen. Daher empfiehlt es sich vorab die Anlieger zu informieren, um Ärger aus dem Weg zu gehen.

Auch bei Luftaufnahmen von Fahrzeugen, Schiffen, Flugzeugen (am Boden) oder ähnlichem, kann es zu Urheberechtsverletzungen kommen, speziell wenn die Aufnahmen für Werbezwecke verwendet werden und man bspw. geschützte Logos ablichtet.

Vor der Veröffentlichung sollte man sehr genau aufpassen und im Zweifel einen Anwalt um Rat fragen. Dies ist sicherlich günstiger als eine Klage nach der Veröffentlichung.

Recht am eigenen Bild

Verbunden mit diesem Recht, darf ein Bild mit abgelichteten Personen nicht ohne Weiteres veröffentlicht werden.[197] Hier ist § 22 KunstUrhG einschlägig: „Bildnisse dürfen nur mit Einwilligung des Abgebildeten verbreitet oder öffentlich zur Schau gestellt werden. Die Einwilligung gilt im Zweifel als erteilt, wenn der Abgebildete dafür eine Entlohnung erhielt."[198] Es gilt auch hier eine Abgrenzung vorzunehmen:

Sieht man auf dem Foto bzw. der Luftaufnahme eine Einzelperson und kann diese klar und deutlich erkennen, so muss vor einer Veröffentlichung eine Erlaubnis eingeholt werden.

Anders sieht dies bei Personengruppen aus. Gemäß § 23 KunstUrhG dürfen „Bilder von Versammlungen, Aufzügen und ähnlichen Vorgängen" sowie „Bilder, auf denen die Personen nur als Beiwerk neben einer Landschaft oder sonstigen Örtlichkeit erscheinen" ohne Einverständnis veröffentlicht werden.[199]
Sobald man also von einer Gruppe sprechen kann, so sind die Personen im Sinne des Gesetzes nicht mehr individuell anzusehen und eine Erlaubnis der einzelnen Personen nicht mehr erforderlich.
Wenn man einzelne Personen nicht ein-

Abb. 13.1: Bereits bei den ersten Smartphone-Cams kamen Proteste wegen Persönlichkeitsrechten auf (Quelle: Pixabay)

deutig erkennen kann, so ist die Einverständniserklärung nicht zwingend erforderlich und eine Veröffentlichung ist problemlos möglich. Zur Sicherheit sollte natürlich trotzdem eine Erlaubnis eingeholt werden. Eine Selbstverständlichkeit sollte das Verbot zur Erstellung von voyeuristischen Bildern mittels unbemanntem System darstellen. Diese Grenze darf nicht überschritten werden.[200]

Die Nachbarn beim Sonnenbaden, küssende Pärchen am Strand oder ein Flug am FKK-Strand sind verboten.

Das Erstellen solcher Bilder und die Veröffentlichung ziehen Straf- oder Bußgelder mit sich. Hier heißt es also: „Keine Fotos oder Videos aufnehmen"

Datenschutzrecht

Für die Einhaltung wurde bereits bei Antragstellung unterschrieben. Mit Blick auf die Luftbilder ist es aber verboten, das Bild eines Hauses und dazu die Adresse und Namen der Hausbewohner zu veröffentlichen. Eine Verbindung von Ort, Adresse und Name ist nicht zulässig und sollte bzw. muss vermieden werden. Für private Aufnahmen gilt dies nicht.[201]

Folgende Dinge sollten trotzdem in einem Luftbild unkenntlich gemacht werden, wenn nicht schriftlich das OK gegeben worden ist:

> Name,
> Anschrift
> Kennzeichen des KFZ

Die vorsätzliche und auch fahrlässige Erhebung von personenbezogenen Daten, die nicht öffentlich zugänglich sind, stellt gem. § 43 Abs. 2 1. BDSG eine Ordnungswidrigkeit dar.[202] Weiteres zum Thema Datenschutz können Sie direkt im Bundesdatenschutzgesetz nachlesen.

Persönliche Grundrechte

Eigentlich die wichtigsten Rechte, da sie im Grundgesetz verankert sind, genauer in Artikel 1 und 2. Da eine Drohne an praktisch jedem Ort aufsteigen kann, stellen Zäune, Mauern oder andere Mittel des Abschirmens gegenüber der Öffentlichkeit keinerlei Hürde dar. Gem. Art. 1 i. V. m. Art. 2 GG hat jeder das Recht auf freie Entfaltung seiner Persönlichkeit und eine unantastbare Würde, die es zu schützen gilt.[203]

Um dieser freien Entfaltung gerecht werden zu können, muss eine Rückzugsmöglichkeit gegeben sein. So ist gemäß Artikel 13 Abs. 1 GG die Wohnung unverletzlich und darf nur in besonderen Fällen wie Gefahr im Verzug ohne Erlaubnis betreten werden. Ähnlich verhält es sich mit Grundstücken, die z. B. mit einer blickdichten Hecke oder einer Mauer umfriedet sind und klar zu erkennen geben, dass der Eigentümer abgeschirmt sein möchte.[204]

Steigt nun eine Kameradrohne in der Nachbarschaft auf, überwindet sie den Sichtschutz, dringt sie unweigerlich in den Schutzbereich der entsprechend umliegenden Grundstücke ein.[205]

Es ist davon auszugehen, dass eine Beeinträchtigung der Anwohner zu erwarten ist, da „das Gefühl des Beobachtet-Werdens vermittelt"[206] wird, auch wenn die an der Drohne befindliche Kamera nicht an oder funktionsfähig ist.[207] Fraglich ist hierbei die Intensität, Höhe und Kontinuität des Drohneneinsatzes: Ein einmaliger Einsatz könnte eine Bagatellverletzung darstellen,[208] bei kontinuierlicher Wiederholung allerdings kann von gezielter Überwachung ausgegangen werden.[209]

> **Abwehransprüche aus bspw. § 1004 BGB i. V. m. § 905 BGB können aus dem reinen Einzelüberflug nicht begründet werden, bei der Erstellung von Luftbildern entscheidet wohl der Einzelfall.[210]**

Der Betroffene kann im Falle einer Verletzung eine Unterlassung oder Schadenersatz gem. § 823 BGB fordern.

Strafrecht

Wer von einer anderen Person, die sich in einer Wohnung oder einem gegen Einblick besonders geschützten Raum befindet, unbefugt eine Bildaufnahme herstellt oder überträgt und dadurch den höchstpersönlichen Lebensbereich der abgebildeten Person verletzt, wird gem. § 201a StGB mit Freiheitsstrafe bis zu zwei Jahren oder mit Geldstrafe wird bestraft.

> **Gerade die blickdichte Hecke oder der hohe Sichtschutzzaun schützen den höchstpersönlichen Lebensbereich. Meiden Sie Überflüge.**

Allgemein zu beachten

Aus der Praxis lässt sich sagen, dass man beim Betrieb seines Gerätes nicht lange allein ist. Da es sich nicht nur rechtlich um etwas Neues handelt, sondern auch viele Mitmenschen noch nie eine „Drohne" live gesehen haben, kommen oft Schaulustige hinzu. Und diese haben meistens viele Fragen zum Recht, der Technik oder der Bilder.

Deshalb sollten folgende Dinge beachtet werden, besonders von professionellen Anwendern:

> ❭ Nehmen Sie Rücksicht auf andere.

> ❭ Halten Sie sich an die Nebenbestimmungen der Erlaubnis und seien Sie eher konservativ bei der Umsetzung.

> ❭ Sollten Sie auf einmal angesprochen werden, bleiben Sie bitte konzentriert und lassen Sie sich nicht ablenken. Sagen Sie dem Fragenden sofort, dass Sie nach dem Einsatz gern Zeit haben, aber jetzt Konzentration gefordert ist.

> ❭ Ruhig bleiben!

Das „ruhig bleiben" ist oft einfach, da die meisten Schaulustigen positiv und interessiert daherkommen. Allerdings ist dies nicht immer der Fall. Manch ein Beschwerdeführer kann seine Anliegen auch mit aggressivem Ton vortragen unter der Androhung, die Polizei zu rufen.

Begegnen Sie diesem Beschwerdeführer entspannt, denn Sie haben ja eine Erlaubnis für Ihr UAV und sich (hoffentlich) an alle Regeln gehalten. Stimmen Sie also entspannt zu, wenn jemand die Polizei holen will. Da Sie ja bereits vorab den Einsatz gemeldet haben, wird der Beschwerdeführer vermutlich bereits am Telefon milde gestimmt.

Sollten Sie beschuldigt werden, jemanden ausgespannt zu haben, können eine Sichtung des Materials vorschlagen.

Sollte die Polizei doch am Einsatzort eintreffen, alle Dokumente vorhanden und kein Verstoß ersichtlich sein, gibt es keinen Ärger, denn Sie haben ja alle Voraussetzungen erfüllt.

Frage 1: Darf man Bilder von der Rückansicht eines Hauses machen?
- (A) ja ○
- (B) nein ◉

Frage 2: Wo ist das Recht am eigenen Bild geregelt?
- (A) Grundgesetz ○
- (B) Pressegesetz ○
- (C) Kunsturhebergesetz ◉
- (D) Bürgerliches Gesetzbuch ○

Frage 3: „Bildnisse dürfen nur mit Einwilligung des ... verbreitet oder öffentlich zur Schau gestellt werden."
- (A) Steuerers ○
- (B) Abgebildeten ◉
- (C) Luftfahrtamtes ○
- (D) Ordnungsamtes ○

Frage 4: Die vorsätzliche und auch fahrlässige Erhebung von personenbezogenen Daten, die öffentlich zugänglich sind, stellt eine Straftat dar.
- (A) richtig ○
- (B) falsch ◉

Frage 5: Die persönlichen Rechte wie unantastbare Würde und Recht auf freie Entfaltung finden sich im ...
- (A) Bürgerlichen Gesetzbuch ○
- (B) Grundgesetz ◉
- (C) Strafgesetzbuch ○
- (D) Sozialgesetzbuch ○

Frage 6: Unterlassungsansprüche sind im ... geregelt.
- (A) Bürgerlichen Gesetzbuch ◉
- (B) Grundgesetz ○
- (C) Strafgesetzbuch ○
- (D) Sozialgesetzbuch ○

Frage 7: Eine bis zu zweijährige Gefängnisstrafe für die rechtswidrige Erstellung von Bildern des höchstpersönlichen Lebensraumes sind im ... geregelt.
- (A) Bürgerlichen Gesetzbuch ○
- (B) Grundgesetz ○
- (C) Strafgesetzbuch ◉
- (D) Sozialgesetzbuch ○

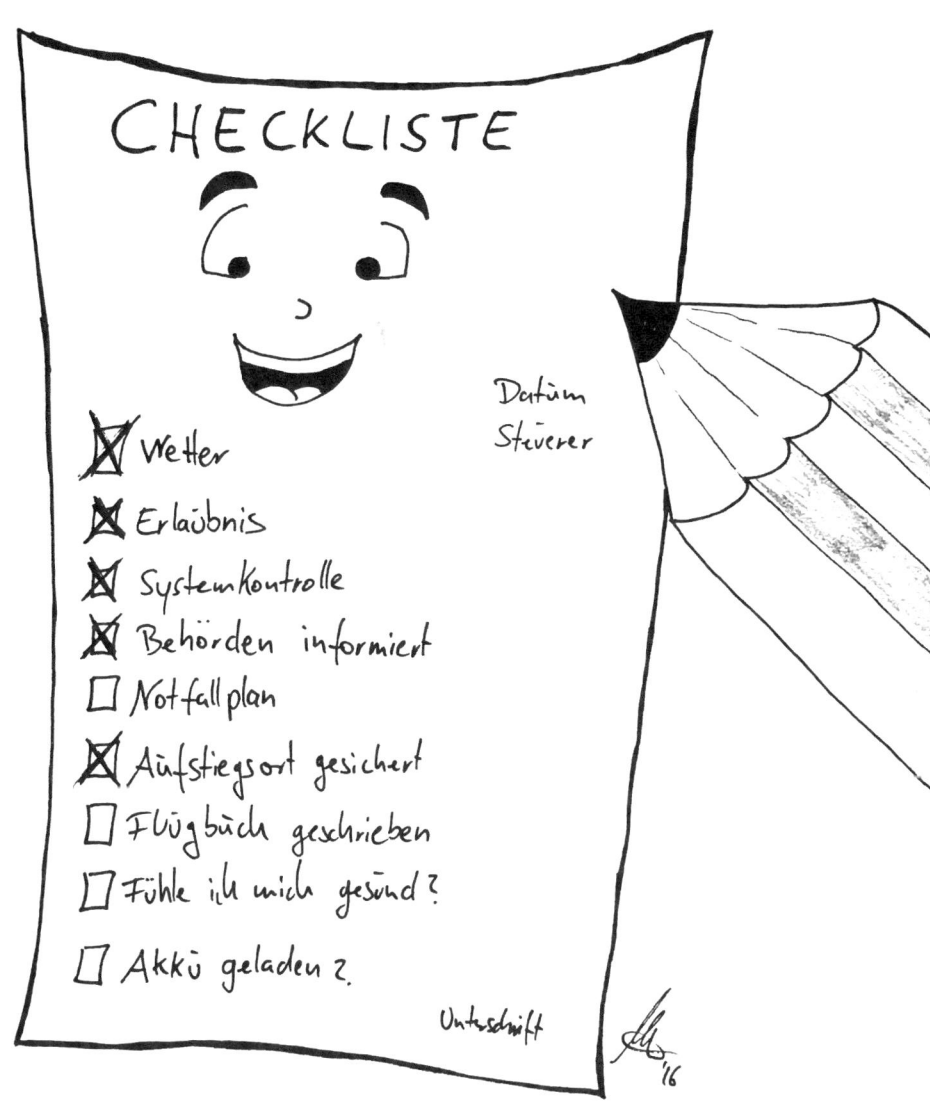

Wie zuvor bereits erwähnt, muss man oftmals den Ordnungsbehörden Rede und Antwort stehen und/ oder die Erlaubnis und andere Dokumente vorlegen. Auch die Luftfahrtbehörde kann Unterlagen anfordern.

Generell sollten Sie sich einen Ordner mit allen relevanten Dokumenten erstellen, welchen Sie bei jedem Einsatz mit sich führen.

Eine solche Dokumentensammlung sollte folgende Unterlagen beinhalten:

> Datenblatt des unbemannten Systems (oder auch das Betriebsbuch, Spezifikationen und Frequenzen sollten ersichtlich sein),
> ggf. technische Daten des Zubehörs (speziell bei Eigenbau oder Upgrades)
> Stammdaten der Steuerer (Befähigungsnachweise, Anschrift etc.)
> Personalausweis zur Legitimation
> Allgemeinerlaubnis bzw. Einzelerlaubnis und entsprechende Verlängerungen
> Aktueller Versicherungsnachweis mit ersichtlicher Deckungssumme
> Erlaubnis des Grundstückseigentümers etc.
> Kontaktformular mit relevanten Stellen der Flugvorbereitung, bspw. Flugsicherung, Polizeidienststelle, Luftfahrtbehörde u.a.
> Notfallkontakte (Polizei, Feuerwehr, Rettungsdienst usw.)

Die Dokumentensammlung sollten Sie immer mit sich führen. Natürlich kann sie individuell angepasst und ergänzt werden.

Um Papierkrieg zu vermeiden, können die Dokumente, sofern erlaubt, auch bspw. als PDF in einer Cloud oder direkt auf dem mobilen Gerät gespeichert werden.

Zudem sollten Checklisten eingeführt werden, damit vor dem Start nichts vergessen wird und alles nach Plan abläuft. Checklisten sorgen für einen reibungslosen, sicheren Ablauf und mehr Effizienz. Man spricht hierbei auch von Standard Operation Procedures, kurz SOP. Ein SOP könnte in der Regel aus folgenden Elementen bestehen:

1. Vor dem Erstflug wird der Versicherungsschutz sichergestellt.

2. Mittels Checklisten wird vor und während des Betriebes ein einheitliches Verfahren sichergestellt.

3. Mit einem Betriebshandbuch oder Manual wird festgelegt, wie der Betrieb zu erfolgen hat.

Im folgenden erfahren Sie mehr über Checklisten und mögliche Standardverfahren.

Vor dem Start – Gesundheit und Fitness

Fühlen Sie sich gesund und fit? Wichtig ist, dass Sie nur topfit einen Einsatz wahrnehmen. Es sollte eine Selbstverständlichkeit sein, dass Sie ausgeschlafen, nüchtern und Herr Ihrer Sinne sind. Im Gegensatz zum Steuern eines Fahrzeuges an Land müssen Sie eine Dimension mehr bedienen und haben eine große Verantwortung gegenüber Dritten. Eine kleine Fehlbedienung kann zum Kontrollverlust führen und speziell am Anfang Ihrer fliegerischen Karriere mangels Routine zu Unfällen führen. Seien Sie also stets selbstkritisch und eher konservativ beim Einsatz Ihrer Drohne.

Vor dem Start – Vorbereitung des Auftrages

Bevor der Weg zum Auftragsort eingeschlagen wird, sollten noch einige Dinge recherchiert werden. So gilt es zu klären, was der Kunde erwartet und wie man das geforderte auch erreichen kann. Es stellt sich beispielsweise die Frage, ob das Gerät die Geschwindigkeit erreicht oder ob die Vorstellungen rechtlich umsetzbar sind. Hierfür bietet es sich an, den Aufstiegsort über bspw. Google-Maps oder Google-Earth vorab zu prüfen und mit ICAO Karten abzugleichen. Wenn wichtige Verkehrswege direkt am Ort sind, sollte über eine intensive Beteiligung der Ordnungsbehörden und evtl. eine Straßensperrung nachgedacht werden. Es kann dazu kommen, dass man genau an der Grenze zu einem anderen Bundesland fliegt und eventuell in dessen Luftraum eindringt. Hier kann dann eine weitere Erlaubnis nötig sein. Zudem sollte die Technik geprüft werden:

Sind die Propeller ausreichend festmontiert, sind die Akkus in Ordnung, ist die Software aktuell usw.?

Mögliche Packliste für den Einsatz:

☐ UAV mit Zubehör

☐ Erste-Hilfe-Kit

☐ Dokumente

☐ Absperrmaterial (Flatterband etc.)

☐ ggf. Feuerlöscher

☐ ggf. Sicherheitshelm

☐ ggf. Warnweste

☐ Checklisten

Die Verantwortung über den sachgemäßen Einsatz trägt der Steuerer. Sollte dieser nicht ermittelt werden können, geht die Haftung auf den Firmeninhaber über (Vernachlässigung der Aufsichtspflichten). Gerade unter diesem Gesichtspunkt muss jeder Steuerer besonders sensibilisiert werden und der Inhaber oder Geschäftsführer auf die korrekte Umsetzung achten. Bei normalen Fotoeinsätzen sollte diese Art der Vorbereitung mit den unten aufgeführten Checklisten ausreichen. Bei sensiblen Bereichen, zum Beispiel Industrieanlagen und Unfallorten müssen intensivere Kriterien in Form einer Risikoanalyse modifiziert werden.

Eine Risikoanalyse muss bei Spezialeinsätzen immer durchgeführt werden und wird in Zukunft an Relevanz gewinnen; in einem so genannten SORA-Verfahren (eine Risikoanalyse) werden Gefahren erkannt und minimiert. Sollte die Risikoanalyse im Ergebnis niedrig und mittel sein, kann der Auftrag mit minimalistischen Sicherheitsvorkehrungen durchgeführt werden. Im Bereich hoch bis sehr hoch müssen hohe Sicherheitsstandards erfüllt werden oder der Auftrag nicht durchgeführt werden.

Vor dem Start – Checkliste

Vor dem Aufstieg sollte man eine Checkliste abarbeiten, die mindestens folgende Punkte enthält:v

☐ Alle Dokumente vor Ort (AE, Versicherung etc.).

☐ Genehmigung des Grundstückseigentümers

☐ Eintrag im Flugbuch (Ort, Datum, Steuerer, Wetterlage etc.).

☐ Kontrolle der Drohne, Akkus und der Bodenstation/ Fernbedienung.
    ☐ Flugmodus
    ☐ Geofencing
    ☐ Höhenlimit
    ☐ GPS-Stärke
    ☐ Kalibrierung
    ☐ Akkuladestand
    ☐ Funksignalstärke

☐ Auswahl und Sicherung der Start- und Landezone.

☐ Abstimmung mit Anwesenden zu Notfallverhalten und allgemeinem Ablauf.

☐ Kontrolle des unbemannten Systems und allem Zubehör.

☐ Wetterlage ausreichend für Betrieb (Sichtflugregeln!).
  ☐ Sichtflugwetterbedingungen ausreichend
  ☐ Wind im zulässigen Bereich
  ☐ Kein Niederschlag

☐ Alle Genehmigungen eingeholt.

☐ Polizei/ Ordnungsbehörde informiert.

☐ Örtliche Besonderheiten berücksichtigt.

☐ Liegt eine Flugverbotszone vor?

☐ Liegt eine Kontrollzone vor oder ist ein Flugplatz in der Nähe?

☐ Gibt es ein aktuelles NOTAM für den Flugbereich?

Beim Betrieb in der Nähe von Flughäfen und -Plätzen und in der Kontrollzone gilt zusätzlich:

☐ Abstand zur Flugplatzbegrenzung größer als 1,5 km (wenn nein: Erlaubnis beantragt, bzw. Freigabe eingeholt?).

☐ Welche Flugverkehrskontrollstelle ist zuständig?

☐ Flugverkehrskontrollfreigabe eingeholt bei Betrieb von UAV über 50m AGL bzw. Flugmodellen über 30m AGL.

☐ Sichtung von bemanntem Fluggerät?

Diese und eigene Punkte sollten schriftlich in einer Checkliste fixiert werden . Die Checkliste(n) sollten so einfach und klein wie möglich gehalten werden, sodass diese immer mitgeführt werden können.

Die Notfallcheckliste zum Beispiel sollte so kompakt sein, dass diese an der Fernbedienung befestigt werden kann und somit sofort vom Steuerer im Notfall einsehbar ist.

Notfallszenarien sind vorab mehrfach zu erörtern und zu verinnerlichen. Je souveräner im Notfall (typische technische Fehler sind GPS Ausfall, Motorausfall, Kompassfehler usw.) gehandelt wird, desto weniger droht die Lage zu eskalieren (zum Beispiel bei Abbruch der telemetrischen Daten oder gar der Funkverbindung). Ebenso sollten Erste-Hilfe-Maßnahmen bekannt sein. Es sollte eine Liste mit Notfallkontakten erstellt werden.

Bei den Notfallkontakten sollen folgende Institutionen nicht fehlen:
> Feuerwehr, Rettungsdienst (112)
> Polizei (110)
> Flugverkehrskontrollstelle
> Bundesstelle für Flugunfalluntersuchung.
> Sollte es zu unvorhergesehenen Störungen, Unfällen oder Notfällen kommen, sind die jeweiligen Institutionen sofort zu informieren und ein entsprechender Vermerk im Flugbuch zu machen.

Mögliche Schritte bei Notsituationen:

> Return To Home – Funktion aktivieren und als Failsafe festlegen

> Motoren im Flug ausschalten (in wirklich akuten Gefahrensituationen und nicht über Menschen!)

> Bei niedrigem Akku sofort Rückflug einleiten, da bei kritischer Ladung die meisten Drohnen an Ort und Stelle landen.

Betriebsstart

Folgende Punkte sollten nach Einschalten des Multikopters, aber vor Start der Motoren beachtet werden:

☐ Funktionieren alle Positionsleuchten?

☐ Besteht eine Verbindung (RC und Video) zur Fernbedienung?

☐ Ist der Akku geladen und in Ordnung?

☐ Ist ein ausreichendes GPS Signal vorhanden?

☐ Ist der richtige Flugmodus ausgewählt?

Nach Start der Motoren

...hilft folgender Test der Funktionen:

Bringen Sie den Multikopter in den niedrigen Schwebeflug und lassen Sie das Gerät auf etwa einem Meter Höhe hovern[1]. Prüfen Sie nun:

☐ ob das Gerät an der Stelle verharrt oder abdriftet,

☐ ordnungsgemäß auf Steuersignale reagiert,

☐ die Akkuleistung akut abfällt,

☐ die Wetterbedingungen auch in der Praxis ausreichend sind,

☐ keine Störquellen (Passanten etc.) vorhanden sind,

☐ kein weiterer Flugverkehr herrscht und

☐ Sie selbst mental bereit für den Einsatz sind.

Wenn alles in bester Ordnung ist, kann es losgehen. Treten Probleme auf, bringen Sie das Gerät wieder zu Boden und beseitigen Sie die Störfaktoren.

Treten während des Betriebes Probleme auf, sollte zur Sicherheit der Einsatz abgebrochen werden. Auch sollte bei kritischer Akkuleistung zügig gelandet werden und Passanten informiert werden, falls etwas schiefläuft und das Gerät zu verunglücken droht.

Wartung

Um auf lange Sicht ein zuverlässiges System zu haben, muss dieses auch regelmäßig gewartet bzw. gepflegt werden. Dies ist wie beim Auto, welches auch regelmäßig inspiziert werden muss. Doch was sollte man bei einem unbemannten Luftfahrtsystem beachten? Ein Blick in das Handbuch (bzw. Betriebsanleitung) kann hier Abhilfe schaffen. Generell sollte man nach dem Aufstieg das System säubern und die Propeller demontieren und mit den Akkus sicher lagern. Beachten Sie die Hinweise des Herstellers zur Akkulagerung, da die Akkus tiefenentladen oder vollgeladen bei längerer Liegezeit massiven Schaden nehmen können. Neue Akkus sind kostspielig, daher Obacht!

---

1   Auf der Stelle „schweben"

Es besteht bei den Akkus eine erhöhte Brandgefahr. Lagern Sie diese daher bitte immer in feuerfesten Behältnissen.

Kleinere Schäden oder Defekte sollten zeitnah ausgebessert werden. Hier sollte unbedingt mit dem Hersteller korrespondiert werden und das Handbuch beachtet werden. Besonders die Akkus und Elektromotoren sollten in festen Intervallen geprüft werden.

Im Bereich der Wartung muss auch nach regelmäßigen Updates der Firmware des Gerätes und der Steuereinheit Ausschau gehalten werden. Eine Kontrolle der Mechanik (Leichtgängigkeit der Motoren, Schraubverbindungen etc.) ist ebenfalls enorm wichtig. Feste Intervalle sollten geplant und eingehalten werden.

Besonders nach langen Standzeiten sollten die Geräte einer intensiven Prüfung unterzogen werden. Denn während des Nichtbetriebes können Akkus durch falsche Lagerung einen Defekt aufweisen oder Motoren verstauben. Dokumentieren Sie alle durchgeführten Wartungen, dies hilft Ihnen den Überblick zu behalten.

Frage 1: Welches der folgenden Dokumente muss nicht unbedingt mitgeführt werden?

(A) Erlaubnis ○
(B) Versicherungsnachweis ○
(C) Führerschein ◉
(D) Personalausweis ○

Frage 2: Unter welchem Zustand soll der Betrieb nicht aufgenommen werden?

(A) ausgeschlafen ○
(B) nüchtern ○
(C) fit ○
(D) übermütig ◉

Frage 3: Welches Utensil gehört nicht unbedingt auf die Packliste?

(A) Erste-Hilfe-Set ○
(B) Fernbedienung ○
(C) Drohne ○
(D) Lade-Hub ◉

Frage 4: Eine Flugvorbereitung ist immer nötig.

(A) richtig ○
(B) falsch ◉

Frage 5: Wozu dienen Checklisten?

(A) Nachweis bei Behörde ○
(B) Flugbuchersatz ○
(C) Standardisierte Verfahren ◉
(D) keine der Antworten ○

Kapitel 15: Kleine Kunde der Thermik und Meteorologie

„Aber ich wollte doch nur ein Flugmodell betreiben…" werden Sie jetzt denken. „Warum muss ich mir jetzt einige Seiten über Thermik durchlesen?" – Weil hier viel Wissen kommt, welches Sie im Betrieb (und für den Kenntnisnachweis) benötigen, vor allem in der Nähe von Küsten oder in großer Höhe. Denn die Physik spielt eine große Rolle.

Grundlagen: Atmosphäre, Luftdruck und Luftdichte

Bevor man die Wetterphänomene betrachtet, sollte man einen Blick auf den Aufbau der Atmosphäre riskieren. Bedingt durch unterschiedliche Eigenschaften in verschiedenen Höhen, teilt man die Atmosphäre in diverse Schichten ein. Für zivile Drohnen wird der Betrieb in der untersten Schicht, der Troposphäre, stattfinden. Die Troposphäre erstreckt sich vom Boden bis in einen Bereich von ca. 11 km. In der Troposphäre findet das Wetter statt, auf welches wir mit einigen Phänomenen in diesem Kapitel noch genauer eingehen werden. Zudem ist diese Schicht sehr anfällig für schwankende Temperaturen, tageweise oder auch in verschiedenen Jahreszeiten.[211]

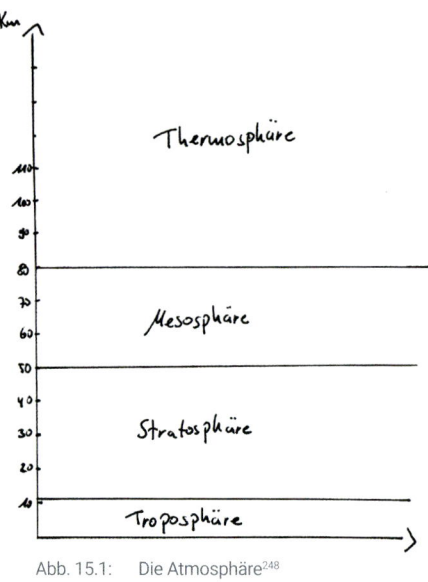

Abb. 15.1:   Die Atmosphäre[248]

Für zivile Drohnen wird der Betrieb nur in der Troposphäre stattfinden, da Höhen von 11 km derzeit mehr als illusionär sind.

Um eine feste Größe zu haben, hat sich ICAO auf Grund von Erfahrungswerten auf eine Normatmosphäre festgelegt (ICAO-Standardatmosphäre, kurz ISA), in der bspw. die Temperatur auf Meereshöhe 15° Celsius. In dieser ISA nimmt die Temperatur in der Troposphäre linear um 0,65 K pro 100 m Höhe ab. Der Luftdruck und die Luftdichte hingegen sinken mit steigender Höhe konstant. Genauere Werte können Sie folgender Tabelle entnehmen.

Höhe in m	Luftdruck (hPA)	Temperatur in °C	Luftdichte in kg pro Kubikmeter
0	1.013,25	15,0000	1,2250
1.000	898,75	8,5000	1,1116
5.000	540,20	-17,5000	0,7261
11.000 (Tropopause)	226,32	-56,5000	0,3692

Abb. 15.2:   Werte der ISA (Quelle: nach DWD (o.J.))

Nach diesen Werten werden annähernd alle Hilfsmittel gefertigt, wie z. B. Höhen-messer und Fahrtmesser. Auch der Höhenmesser vieler ziviler Drohnen misst den Luftdruck um seine Höhe zu bestimmen. Liegen abweichende Werte zur ISA vor, so kann die Genauigkeit leichte Abweichungen aufweisen.[212]

Gerade an sehr warmen oder sehr kalten Tagen kann der Luftdruck von ISA abweichen. Bleiben Sie zur Sicherheit etwas unter 100m AGL.

Mit Luftdruck wird der von der Masse der Luft unter der Wirkung der Erdanzie-hung ausgeübte Druck bezeichnet. Er ist definiert als das Gewicht der Luftsäule pro Flächeneinheit vom Erdboden bis zur äußeren Grenze der Atmosphäre. Die Maßeinheit für den Luftdruck in der Luftfahrt ist Hektopascal (hPa). Der mittlere Luftdruck beträgt in Meereshöhe 1013.25 hPa und verringert sich laut Standardat-mosphäre bis in 5,6 km Höhe auf 500 hPa (etwa die Hälfte des Bodenwertes). Die Luftdichte ist das Verhältnis der Masse eines Luftquantums zu seinem Volumen (normalerweise angegeben in kg pro m³). Sie ist abhängig von der Temperatur und vom Luftdruck. Die Luftdichte nimmt mit der Höhe ab. Die Dichte nimmt - bei Halbierung des Luftdrucks - im Verhältnis weniger ab als der Druck, da die Tempe-raturabnahme mit der Höhe dem entgegenwirkt. Der Wassergehalt der Luft wird als Luftfeuchtigkeit bezeichnet. Je wärmer die Luft ist, desto mehr Feuchtigkeit kann Sie aufnehmen. Auch bei geringen Temperaturen verdunstet Wasser und steigt auf, bis die maximale Feuchtigkeit erreicht ist, man spricht hier von einer Sättigung. Man geht davon aus, dass bei 30°C rund 30g Wasser pro Kubikmeter Luft Platz finden, bei 20°C sind es noch 17,3g, bei 10°C noch 9,4 und bei 0°C nur noch 1,1g.[213]

Beträgt die maximale bei 30°C etwa 30g Wasser und absolut sind nur 15g darin, so kann man die relative Luftfeuchte berechnen. Die Formel lautet und ergibt einen prozentualen Wert, in unserem Beispiel 50%.

Die Aggregatszustände und der Taupunkt

Dass Wasser eigentlich erst ab 100°C verdampft, aber auch schon vorher aufsteigt, wurde bereits dargestellt. In diesem Fall ist das Wasser gasförmig. Im „Normalzustand" hingegen ist das Wasser flüssig. Erreicht die Temperatur unter 0°C so gefriert das Wasser.

Doch was passiert, wenn die Luft sich rapide abkühlt? Bei einem Temperaturabfall von 15°C kann es sein, dass die Luft nicht mehr das Wasser halten kann, das Wasser kondensiert und schlägt sich bspw. an der Scheibe wieder. An dem Punkt, wo die maximale Luftfeuchte (relative Luftfeuchte 100%) erreicht ist und zu kondensieren beginnt, spricht man vom Taupunkt.[214] So beträgt bei 15°C und einer relativen Luftfeuchte von 50% der Taupunkt etwa 5°C. Je mehr Wasserdampf in der Luft ist, desto höher ist der Taupunkt. Wäre die Luftfeuchte also bei 15°C bei 75%, so würde der Taupunkt weit über 5°C liegen und die Kondensation entsprechend früher einsetzen.

Bleiben wir kurz bei dem Beispiel, damit wir einen weiteren Begriff lernen können: Taupunktdifferenz (engl. Spread). Die Taupunktdifferenz ist vorerst nur der Temperaturunterschied zwischen Taupunkt und realer Temperatur. In unserem Beispiel liegt der Taupunkt bei 5°C, die Temperatur bei 15°C, folglich ist der Spread 10°C. Ist der Spread 0°C, so ist man bei Taupunkt. Je größer der Spread ist, desto niedriger ist folglich auch die relative Luftfeuchte. Mit dem Spread kann übrigens die Wolkenuntergrenze annähernd errechnet werden. Die Formel lautet:[215]

$$Spread \times 125\,m = Wolkenuntergrenze$$

oder auch:

$$(Temperatur - Taupunkt) \times 125\,m = Wolkenuntergrenze$$

In unserem Beispiel wäre die Wolkenuntergrenze also:

$$10 \times 125\,m = 1250\,m$$

Sind Taupunkt und reale Temperatur gleich, also der Spread 0; so kann bspw. Nebel auftreten.

Auch wenn das alles noch ein bisschen befremdlich wirken mag: Beim nächsten Nebel werden Sie Ihren Gesprächspartner vermutlich mit diesem Wissen beeindrucken.

Anhand der Luftdichte, der Luftfeuchtigkeit und der Lufttemperatur kann physikalisch jedes Wetter erklärt werden. Besonders beim Wind spielen die aufsteigenden Luftpakete eine große Rolle.

Wind am Beispiel Meer und Berg

Für unsere Zwecke müssen wir als erstes Beispiel eine lokale Betrachtung vornehmen, bspw. den Windtypen an der Küste zu verschiedene Tageszeiten oder den thermischen Auftrieben. Je nach Einsatz kann dies von großer Bedeutung für die Uhrzeit des Aufstieges sein. Bleiben wir kurz beim Beispiel der Küste und machen wir eine Reise an die Nordsee. Hier sollen wir ein Strandstück fotografieren. Welche Windverhältnisse haben wir wann zu erwarten und warum? Bedingt durch unterschiedliche Temperaturverhältnisse von Luft, Wasser und Land entstehen der sogenannte See – und Landwind. So ist die Erwärmung der Luft über dem Festland deutlich schneller, als über dem Wasser. Die warmen Luftpakete vom Land steigen auf, kalte Luft fließt vom Wasser her nach. Es herrscht ein Seewind zum Land hin, in der Fachsprache spricht man von der Konvektionsströmung.[216] Die warme Luft kühlt sich in den oberen Lagen wieder ab und fließt in Richtung des Meeres, um dort wieder abzusinken und die „Lücke" zu füllen - es entsteht ein Konvektionskreislauf, welcher am Nachmittag sein Maximum erreicht.[217] Abends kühlt sich das Wasser langsamer ab, als das Land.. Entsprechend weht der so genannte Landwind vom Land zum Wasser hin. Der Landwind erreicht sein Maximum beim Sonnenaufgang.[218]

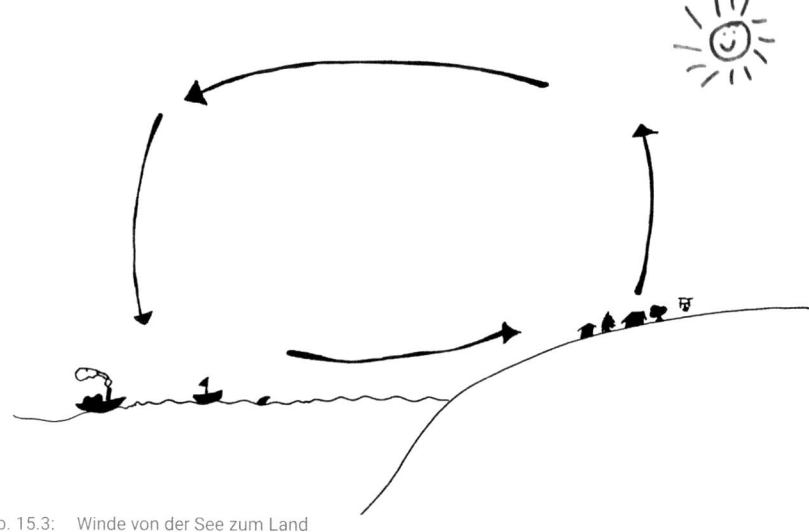

Abb. 15.3:   Winde von der See zum Land

Ähnliche Skizzen lassen sich ebenfalls in Berggebieten erstellen, da auch hier hohe Temperaturunterschiede, Aufstiege von Luftpaketen und damit verbundene Winde vorkommen. Der Wind fließt hier vom Tal bergauf. Man spricht in dem Zusammenhang auch vom Hangaufwind oder auch Talwind. Entsprechender Gegenpart ist am Abend der vom Berg talwärts fließende Bergwind.[219]

Achten Sie beim Betrieb Ihrer Drohne auf die Herstellerangaben. In der Gebrauchsanweisung finden Sie Informationen zur maximalen Windstärke, bzw. bis wann ein Betrieb gefahrlos stattfinden kann.

Thermische Auf- und Abwinde

Wie eingangs erwähnt, steigt warme Luft (bzw. Luftpakete) auf, kühlt sich ab und „fällt" an anderer Stelle wieder herunter, sodass ein Kreislauf entsteht und sowohl im oberen Bereich, als auch am Boden Winde entstehen. Ebenfalls entstehen Luftströme nach oben und unten, die das Flugverhalten eines Multikopters beeinflussen können. Wärme entsteht unter anderem durch Sonneneinstrahlung. Die Sonnenstrahlen erhitzen den Boden und werden von diesem reflektiert. Im Stadtbereichen haben verschiedene Materialien der Häuser verschiedene Reflektionsgrade. Einige Gebäude speichern wärme, andere stoßen sie ab. Bedingt durch die warme, aufsteigende Luft und kalte Luft im oberen Bereich kommt es zu einem Windkreislauf wie in obiger Abbildung. Ähnliches kann auch über Weizenfeldern oder Felsen passieren. Kreisende Vögel können ein Indiz für viel Aufwind sein. Der Aufwind begünstigt leichte Fluggeräte wie Segelflugzeuge, aber auch Multikopter beim Aufstieg, erschwert aber hingegen den Sinkflug. Die absinkende Luft am äußeren Teil des Kreislaufs bewirkt das genaue Gegenteil, sodass es deutlich leichter runter, als rauf geht.[220]

Der Abwind kann, analog zum Sog beim Beispiel mit dem Berg (siehe Turbulenzen), auch so stark sein, dass ein Multikopter an die Leistungsgrenze kommt, taumelt oder sich überschlägt und verunfallt. Am Reibungspunkt der Auf- und Abwinde kann es Verwirbelungen geben, die zu einem Umkippen des Gerätes führen können. Auf jeden Fall werden die Flugbedingungen in diesem Fall erschwert.

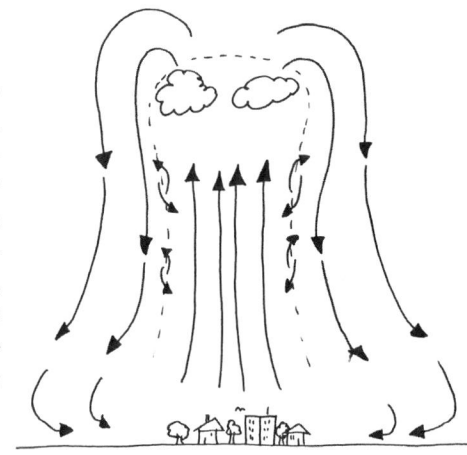

Abb. 15.4:   Thermische Auf- und Abwinde

Ist die das Luftpaket wärmer als die Umgebungstemperatur, steigt dieses auf. Diesen Zustand nennt man labil. Im Gegensatz spricht man von einem stabilen Zustand, wenn das Luftpaket kühler als die Umgebungstemperatur ist.

Wolkenbildung

Erreichen die aufsteigenden Luftpakete durch Abkühlung den Taupunkt und steigt der nun durch Kondensierung entstandene Wasserdampf feuchtdiabatisch weiter, so entstehen Wolken. Einfacher ausgedrückt bedeutet das, dass ab einer bestimmten Höhe (Stichwort: Wolkenuntergrenze) der Taupunkt erreicht ist und die Kondensation beginnt. Unter gewissen Voraussetzungen bilden sich dann Wolken.[221]

Es gibt u.a. Quellwolken, auch Cumulus oder Haufenwolke genannt und Schichtwolken (Stratus). Hierbei ist die Entstehung maßgeblich. Während Cumulus durch erwärmte Aufstiegsluftpakete (thermische Wolkenbildung) in labiler Luftschicht entstehen, so entstehen Stratus durch „Hebungs-

Abb. 15.5: Häufige Wolkenarten

vorgänge in stabiler Schichtung".[222] Diese Wolkenarten befinden sich regelmäßig in einer Höhe zwischen 1.000 und 2.000 m.[223] Je nach Schichtung können Cumulus-Wolken sich vertikal bis 13.000 m ausdehnen, werden dann Cumulonimbus genannt und sind regelmäßig verantwortlich für großtropfigen Regen und Gewitter. Wärmegewitter treten in der Regel am Nachmittag oder Abend auf. Eine ähnliche Überlagerung kann auch bei Stratuswolken stattfinden und nennt sich Nimbostratus. Auch hier ist Regen eine häufig resultierende Wettererscheinung.[224] Hierzu gleich noch mehr.

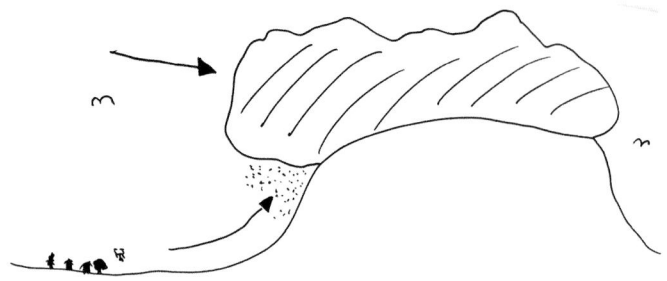

Abb. 15.6:   Staubewölkung am Berg

Eine weitere Entstehungsmöglichkeit für Wolken befindet sich an Bergen. Hier kann sich die Luft stauen und sammelt sich zu einer so genannten Staubewölkung, die sich abregnet, um den Berg zu passieren. Speziell in bergischem Land kann es zu längeren Regenphasen kommen, die die Wolken nicht genug abregnen und den Berg somit nicht überqueren können. Achten Sie also beim Betrieb in den Bergen auf sich nähernde Wolken, um einem Regenschauer zu entgehen.[225] Überdies kann der Betrieb innerhalb der Sicht durch Wolken erheblich eingeschränkt werden.

Die bekanntesten Wolkenarten in Kurzform

In diesem Abschnitt werden die häufigsten Wolkenarten kurz dargestellt, damit Sie einen gewissen Überblick haben. Die Wolkenarten verraten viel über das Wetter. Auf der Abbildung 16.6 finden Sie eine Übersicht der bekanntesten Wolkenarten und in welcher Höhe man diesen begegnet. Für mehr Tiefe können Sie die genutzte Quelle „Internationaler Wolkenatlas" des Deutschen Wetterdienstes nutzen. Hier finden Sie viele Beispielbilder und umfangreiche Infos: **https://www.dwd.de**

Generell werden die Wolkenarten (Gattungen) in drei Höhenkategorien, auch Stockwerk genannt, eingeteilt:[226]

TIEF/ Unteres Stockwerk:

In dieser Höhenkategorie befinden sich die Wolken in einer Höhe vom Boden bis zu 2.000m. Folgende Wolkengattungen sind hier zu finden:

> **Cumulus** (Quellwolke, Schäfchenwolke, Haufenwolke Schönwetterwolke):

> **Stratus** (tiefe Schichtwolke): Eine graue, klar strukturierte Wolkenschicht aus Wassertröpfchen in weniger als 2.000m Höhe. Stratuswolken haben eine nebelähnliche Erscheinungsform und können sehr niedrig bereits hohe Gebäude bedecken. Es kann zu Regen kommen.

> **Stratocumulus** (Haufenschichtwolke): Diese Wolkenform besteht aus wassertropfigen weißlich-grauen Wolkenfeldern und Schichten in einer Höhe unter 2.000m. Es kann hierbei zu leichtem Regen kommen.

ÜBERGREIFENDE:

In dieser Höhenkategorie befinden sich die Wolken in einer Höhe von 1.500m bis zu 12.000m. Es handelt sich um mehrschichtige Wolken, die zumeist „schlechtes" Wetter mit sich bringen:

> **Cumulonimbus** (Gewitterwolke): Der Cumulonimbus hat im unteren Stockwerk seine Untergrenze. Nach oben hin kann er sich aber weit erstrecken und bis zu 13.000m hochragen.

> **Nimbostratus** (Regenwolke): Der Nimbostratus befindet sich in der Regel im mittleren Stockwerk, erstreckt sich aber auch oft in das untere und obere (von ca. 1.500 m bis 10.000 m). Die Erscheinung ist gräulich und sehr dicht (typische Regenwolke). Der Nimbostratus besteht aus Wasser- und Regentropfen, die dann zu Regen werden.

> **Cumulus**: Beim Cumulus handelt es sich um eine Mischform, da die Wolkenart eigentlich im tiefen Bereich angesiedelt ist, aber durchaus auch mehrschichtig sein kann. Nach oben hin kann er sich aber weit erstrecken und bis zu 13.000m hochragen. Das Wetter ist aber in der Regel gut, daher auch unter dem Begriff „Schönwetterwolke" bekannt. Die Cumulus- Wolke besteht aus Wassertröpfchen und befindet sich in einer Höhe um 2.000 m mit entsprechend üppiger Ausdehnung nach „oben".

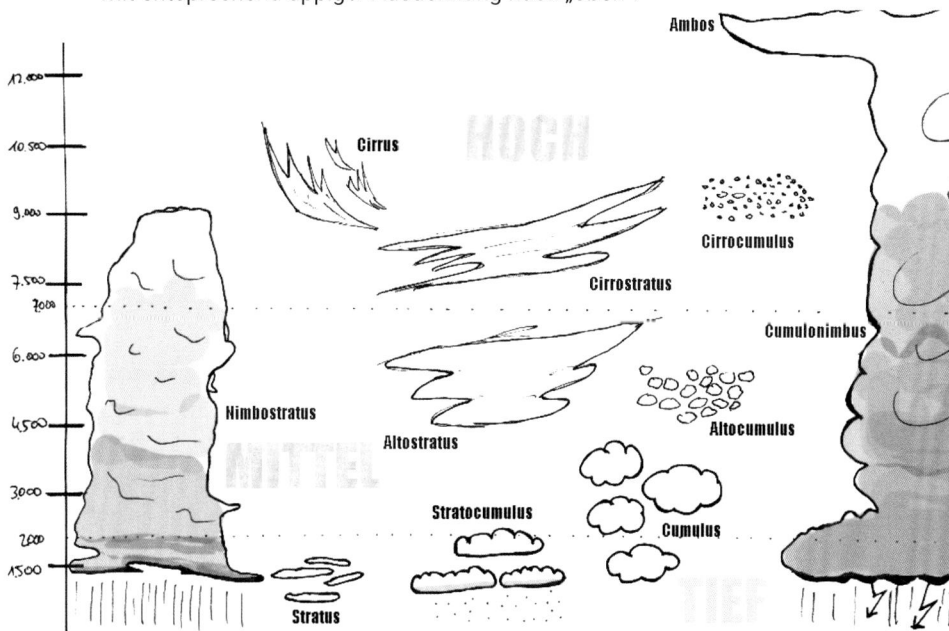

Abb. 15.7:   Wolkenarten

Wetterfronten

Bekannte Wetterfronten sind die Warmfront und die Kaltfront, auf die wir uns hier beschränken wollen und einen kurzen Einblick in die entstehenden Wetterphänomene nehmen wollen.

Die Warmfront

An einer Warmfront gleitet wärmere Luft auf die Vorderseitenkaltluft auf. Verbunden damit ist eine typische Aufgleitbewölkung, die sich zuerst durch einzelne hohe Cirruswolken, Altocumulus, Stratus und schließlich durch Nimbostratus mit kräftigen, zum Teil länger andauernden Niederschlägen bemerkbar macht.

Nach einer Warmfrontpassage steigen die Temperaturen nur noch wenig an, die Niederschläge lassen nach, die Bewölkung lockert auf, die Sichten bleiben jedoch mäßig bis schlecht.

Die Kaltfront

Bei der Kaltfront schiebt sich kalte Luft keilförmig unter die wärmere Luftmasse. Im Bereich der Kaltfront kommt es im Sommer häufig zu einer kräftigen Labilisierung. Starke Quellbewölkung, einsetzende Schauer mit Gewittern und teilweise heftige Böen deuten auf die Kaltfrontpassage hin. Böen können das Fluggerät in eine unkontrollierbare Fluglage bis hin zum Absturz bringen. Rückseitig der Kaltfront dreht der Wind markant, der Luftdruck steigt deutlich an, Temperatur und Taupunkt gehen zurück. Die Bewölkung lockert rasch auf und die Sichten sind in der Regel recht gut (Rückseitenwetter).

Niederschlag und Gefahren

Die aufgestiegenen Luftpakete haben sich mit diverser Sättigung von Wasser nun zu Wolken zusammengeschlossen und kondensieren mit sinkender Temperatur. Kann die Luft das Wasser nicht mehr halten, kommt es zu Kondensation und es entstehen kleine Wassertropfen in der Wolke, die absinken. Mit zunehmender Verdichtung durch Vereinigung mit anderen kleinen Tropfen steigt die Sinkgeschwindigkeit, bis schließlich der Tropfen aus der Wolke fällt. Je nach Temperatur kommt es zu großtropfigem Regen, Sprühregen, Nieseln, Hagel oder Schnee. Für unbemannte Fluggeräte stellt Niederschlag einen geminderten Auftrieb an Tragflächen bei Flugzeugen und Propellern bei Multikoptern.

Eisbildung kann das Flugverhalten eines Luftfahrzeuges, insbesondere die Aerodynamik durch stark verminderten Auftrieb der Tragflächen bzw. Propellern, aber auch die Funktionsfähigkeit einzelner Komponenten negativ beeinflussen, dass akute Gefahr der Flugunfähigkeit mit Kontrollverlust und Absturz besteht. Hagel kann zudem zusätzlich schweren Schäden am Luftfahrzeug führen.

Weitere Gefahren von Niederschlag sind Kurzschlüsse elektrischer Komponenten und plötzliche Abnahme der Sichweiten (besonders bei Schneefall kann es zu einem plötzlichen Verlust des Sichtkontaktes kommen).[227]

Der Betrieb bei feuchtem Wetter ist für die meisten zivilen Drohnen nicht sinnvoll, da diese nicht wasserdicht sind. Bleiben Sie in dem Fall einfach am Boden!

Kälte und Hitze

Bei Drohnen ist besonders zu beachten, dass die Akkus eine gewisse Mindesttemperatur, etwa bei 15°C nicht unterschreiten sollten (bei DJI erfolgt eine Warnung oder das Gerät verweigert den Start). Sofern ein Start gelingt, kann es zu akutem Leistungsabfall kommen, woraus auch ein Absturz nicht ausgeschlossen werden kann. Die Akkus arbeiten bei Kälte unter ca. 18° nicht im optimalen Bereich. Bitte planen Sie das mit ein, wenn Sie bei kaltem Wetter den Betrieb aufnehmen. Ein zusätzlicher Akku sollte mitgenommen und vorher erwärmt werden.[228]

Auch ist bei Kälte mit Vereisungen zu rechnen, die einerseits durch die Feuchtigkeit zu Kurzschlüssen führen können und andererseits die Abflugmasse verändern und hierdurch ggf. das maximale Abfluggewicht überschritten wird.

Auch große Hitze kann den Betrieb beeinflussen. Kommt es zu einer Überhitzung des Gerätes oder der Bodenstation, ist ebenfalls ein Absturz nicht mehr auszuschließen. Lesen Sie hierzu unbedingt die Gebrauchsanweisung und beherzigen Sie die Angaben des Herstellers, da dieser die Geräte auf Herz und Nieren geprüft haben sollte.

Nebel

Ist die Luftfeuchte sehr hoch (Sättigungsgrad), so kann es zu Nebelbildung kommen. Dies ist entweder der Fall, wenn feuchte Luft hinzugeführt wird, oder sich bereits feuchte Luft abkühlt. Nebel erschwert die Sicht, wodurch Sie die Drohne nicht betreiben sollten: Sie befinden sich sehr schnell außerhalb der Sicht.

Turbulenzen und Verwirbelungen

Gerade beim Betrieb eines unbemannten Luftfahrtsystems, welches durch sein geringes Eigengewicht sehr anfällig auf Windböen und Verwirbelungen ist, sind Winde sehr gefährlich. Es kann zum Beispiel am Nachmittag zu thermischen Turbulenzen durch Böen kommen, wenn die warme Luft aufsteigt. Ein Indiz für eine solche Thermik sind kreisende Vögel oder Segelflugzeuge unter Schönwetterwolken. Auch sind Windböen oft Vorboten von Gewitterfronten. Achten Sie darauf, dass die Turbulenzen nicht die Betriebsgrenzen Ihres unbemannten Fluggerätes übertreffen.

Auf der Abbildung sehen wir einen Multikopter, der ein Haus fotografiert. Es herrscht mäßiger Wind, gerade noch passend für den Einsatz. Was bei dem Einsatz nicht bedacht wurde: Im „Windschatten" des Hauses kommt es zu Verwirbelungen. Solche Verwirbelungen können dazu führen, dass der Multikopter überschlägt und dann wie ein Stein vom Himmel fällt.

Gleichmäßiger Wind herrscht in der Regel nur größeren Höhen. Je näher man am Boden ist, desto mehr Störfaktoren wie Häuser, Bäume, Brücken, Masten, Kräne usw. gibt es. Und jeder Störfaktor bringt seine individuellen Verwirbelungen und Turbulenzen mit sich.

Wenn es auch an einem Häuserblock komplett windstill ist, können einige Meter weiter schon Verwirbelungen oder Turbulenzen den Flug beeinflussen.

Seien Sie beim Flug also konstant aufmerksam und reagieren Sie frühzeitig. Sollten die Flugbedingungen „flatterig" werden, sollte zügig gelandet werden.

Abb. 15.8:   Wind und Verwirbelungen an Häusern und Bäumen

Weitere Turbulenzen können an Bergen und Abgründen entstehen. Wenn der Wind auf eine Ansteigung prallt, wird die Luft bergauf gedrückt. So entsteht an der Kante möglicherweise ein Wind, der einem unbemannten System ordentlich Auftrieb geben kann.[229] Dies ist erstmal nicht schlimm, sofern man nicht zu weit über die Kante fliegt, denn mit Abriss des Windes kann das Gerät unerwartet absacken. Weht der Wind in die andere Richtung (talwärts) kann ein Abwind entstehen, gegen den die kleinen Motoren des Gerätes ggf. nicht ankommen können. Die Gefahr eines Absturzes ist durchaus vorhanden.

Verwirbelungen oder Turbulenzen entstehen auch hinter Flugzeugen, Schnellzügen, an Autobahnen oder Windkraftanlagen. In diesem Fall spricht man von so genannten Windschleppen. Diese stark rotierenden Luftverwirbelungen sind deutlich intensiver, als die beim Beispiel des Hauses und auch des Berges. Deswegen sollte im Bereich von Windkraftanlagen o.ä. vorsichtiger geflogen werden und im Idealfall nur dann, wenn diese außer Betrieb sind. Interessant ist, dass die Verwirbelungen nicht sofort verschwinden, sondern auch noch einige Zeit weiter existieren, nachdem bspw. das Flugzeug oder der Zug von der Position schon entfernt ist. Für kleine Flugzeuge und Fluggeräte können hierdurch große Gefahren entstehen.[230]

Auswirkungen von Wind, Thermik und Wetter auf den Einsatz (Mindestwetterbedingungen)

Im Bereich der Flugplanung ist also zu beachten, wo geflogen wird und welche Wetterbedingungen vorliegen: gibt es Berge und Steigungen, ist es warm, scheint die Sonne, sind Gewässer in der Nähe usw.

Gegenwind, Rückenwind und Seitenwind

Je mehr Wind vorherrscht, gegen den die kleinen Motoren ankämpfen müssen, desto kürzer ist die Flugzeit.

Denn die Motoren müssen bei Gegenwind deutlich mehr Leistung bringen. Auch das am Gerät angebrachte Zubehör muss ggf. entsprechend angepasst werden, damit das Abfluggewicht die Akkulaufzeit nicht noch zusätzlich beeinträchtigt.

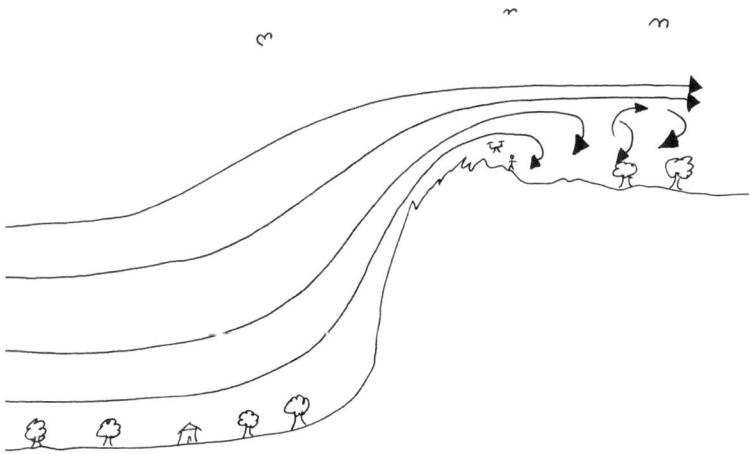

Abb. 15.9: Windströmungen am Berg

Der Wind beeinflusst das Gerät allerdings nicht nur beim Aufsteigen oder Absteigen. Auch im horizontalen Flug kann der Wind günstig oder ungünstig stehen. Mit Rückenwind ist die Geschwindigkeit über Grund höher und die Flugzeit für eine geplante Strecke kürzer. Der Rückweg benötigt hingegen durch eine kleinere Geschwindigkeit über Grund eine längere Flugzeit. Auch wenn ein Gerät nur an einer

Stelle die Position hält, können Turbulenzen die Motoren strapazieren und zu einer zügigen Entleerung der Akkus führen. Seitenwind kann zu einem Abdriften des Gerätes führen oder ebenfalls die Akkuleistung erheblich beeinträchtigen.

Leichter Wind am Boden kann auf 100m Höhe bereits deutlich stärker sein und das Luftfahrtsystem eventuell abtreiben lassen. Auch kann es zu Abweichungen bei der Höhenanzeige kommen.

Sonnenstürme bzw. Magnetstürme

Über den so genannten KP-Index kann die Aktivität von Sonnenstürmen angezeigt werden. Diese Stürme haben mitunter einen erheblichen Einfluss auf die Funkverbindung, das GPS und/oder den Kompass Ihres Gerätes. Es kann zu Fehlfunktionen oder schlimmeren Ausfällen kommen. Bei einem KP-Index von 4 ist mit starken Sonnenstürmen und entsprechenden Einschränkungen zu rechnen.

Wettervorhersage GAFOR

Damit Sie immer wissen, welches Flugwetter Sie erwartet, können Sie verschiedene Apps und Wetterinformationen nutzen. Eine dieser Informationen stammt aus dem Haus des Deutschen Wetterdienstes (DWD) und nennt sich GAFOR (General Aviaton Forecast). Eine Aktualisierung erfolgt hier 4 x (Sommerzeit 5x) am Tag. Erklärt werden die Wetterlage und Entwicklung, das allgemeine Wettergeschehen, Wind, Temperatur, Turbulenzen und es erfolgt eine Vorhersage der Sichtfluggrenzen. Hiernach ergeben sich folgende Verhältnisse von gut bis schlecht):

C(HARLIE); Bedeutung clear = frei: Bodensicht mindestens 10 km, Hauptwolkenuntergrenze mindestens 5000 ft über der Bezugsfläche. Hierbei handelt es sich um hervorragende VFR-Bedingungen.

O(SCAR); Bedeutung: open = offen: Bodensicht mindestens 8 km und Hauptwolkenuntergrenze mindestens 2000 ft über der Bezugsfläche. Hierbei handelt es sich um gute VFR-Bedingungen.

D(ELTA); Bedeutung: difficult = schwierig: Bodensicht mindestens 5 km; Hauptwolkenuntergrenze mindestens über 1000 ft über der Bezugsfläche. Hierbei handelt es sich um schwierige VFR-Bedingungen.

M(IKE); Bedeutung: marginal = kritisch: Bodensicht mindestens 1,5 km; Hauptwolkenuntergrenze mindestens über 500 ft über der Bezugsfläche. Hierbei handelt es sich um kritische VFR-Bedingungen.

X(-RAY); Bedeutung: closed = geschlossen: Bodensicht weniger als 1,5 km; Hauptwolkenuntergrenze unter 500 ft über der Bezugsfläche. Hierbei handelt es sich um sehr kritische VFR-Bedingungen, in denen ein Sichtflug kaum möglich sein wird.

Sie erreichen den GAFOR unter **www.flugwetter.de**

Neben dem GAFOR gibt es noch ein weiteres System zur Wetteranalyse:
METAR stellt die Wetterbeobachtungen bei einem Flugplatz dar. Hierbei erfolgt die Bezeichnung des Platzes nach ICAO-Code sowie die Nennung relevanter Daten wie die Wetterbeobachtung und ggf. Windstärken, Luftdruck usw.
Eine weitere sinnvolle Ergänzung stellen aktuelle Wetterradar- und Satellitenbilder, Blitzkarten und auch Erfahrungsberichte anderer Steuerer dar.

Wiederholungsfragen zum Kapitel 15

Frage 1: Wie hoch reicht die Troposphäre?
- (A) 5.000m ○
- (B) 11.000m ◉
- (C) 50.000m ○
- (D) 100.000m ○

Frage 2: In welchem Teil der Atmosphäre werden zivile Drohnen im Normalfall betrieben?
- (A) Stratosphäre ○
- (B) Troposphäre ◉
- (C) Mesosphäre ○
- (D) Tropopause ○

Frage 3: Mit steigender Höhe nimmt der Luftdruck ab und die Temperatur zu.
- (A) richtig ○
- (B) falsch ◉

Frage 4: Welcher Begriff bezeichnet das Volumen der Luft?
- (A) Luftdruck ○
- (B) Luftdichte ◉
- (C) Luftfeuchtigkeit ○
- (D) Luftpaket ○

Frage 5: Die Luftfeuchtigkeit ist ein Indikator des Wassergehalts der Luft.
- (A) richtig ◉
- (B) falsch ○

Frage 6: Ist die maximale Luftfeuchte erreicht (100%), spricht man vom ...
- (A) Normalzustand ○
- (B) Kritischen Massebereich ○
- (C) Taupunkt ◉
- (D) Niederschlagsindex ○

Frage 7: Morgens erwartet einen Drohnensteuerer an der Küste ...
- (A) Seewind ◉
- (B) Landwind ○
- (C) Hohe Regenwahrscheinlichkeit ○
- (D) keine der Antworten ○

Frage 8: Wasser reagiert schneller auf Temperaturen als „Land".
- (A) richtig ○
- (B) falsch ◉

Frage 9: Landwind entsteht im Küstenbereich ...

(A) morgens ○
(B) mittags ○
(C) abends ●
(D) nachts ○

Frage 10: Wird Luft erwärmt, so ...

(A) steigt sie auf. ●
(B) ist die maximale Luftfeuchte niedriger ○
(C) sinkt sie ab. ○
(D) keine der Antworten ○

Frage 11: Bei Erreichung des Taupunktes verdunstet Wasser.

(A) richtig ○
(B) falsch ●

Frage 12: In Gebirgen können an den Klippen und Kanten keine Turbulenzen entstehen, da die Winde hier abprallen.

(A) richtig ○
(B) falsch ●

Frage 13: Kühlt sich die Luft weniger als -1°C pro 100m, nennt man es ...

(A) stabil ○
(B) labil ●
(C) neutral ○
(D) positiv ○

Frage 14: Cumuluswolken werden auch ... genannt.

(A) Schichtwolken ○
(B) Gewitterwolke ○
(C) Regenwolke ○
(D) Haufenwolke ●

Frage 15: Sowohl Nimbostratus, als auch Cumulonimbus sind verantwortlich für ...

(A) Sonnenschein ○
(B) Nebel ○
(C) Regen ●
(D) Sturm ○

Frage 16: Starke Gewitter und großtropfiger Regen sind bei Nimbostratus-Wolkenansammlungen zu erwarten.

(A) richtig ○
(B) falsch ●

Frage 17: Welcher Begriff gehört nicht zu Wetterfronten?
(A) Okklusion ○
(B) Inklusion ◉
(C) Warmfront ○

Frage 18: Trifft eine Warmfront auf eine Kaltfront, so kommt es je nach Zustand (labil oder stabil) zur Wolkenbildung und ggf. Gewitter und Regen.
(A) richtig ◉
(B) falsch ○

Frage 19: Bei großer Hitze oder Kälte ist mit ... der Akkus zu rechnen.
(A) einem Leistungsabfall ◉
(B) einer Leistungsverbesserung ○
(C) keiner Abweichung ○
(D) vereisten Leitungen ○

Frage 20: Nebel entsteht, wenn der Sättigungsgrad der Luft/ die Luftfeuchte ... ist.
(A) im Normbereich ○
(B) sehr niedrig ○
(C) sehr hoch ◉
(D) unterdurchschnittlich ○

Frage 21: Wann ist u.a. mit Turbulenzen zu rechnen?
(A) in Bodennähe ◉
(B) ab 100 m ○
(C) bei Temperaturen unter 20° ○
(D) nur bei Flugzeugen ○

Frage 22: Was begünstigt die Flugdauer eines Multikopters, der nach dem Einsatz zum Startpunkt zurückkehrt?
(A) Seitenwind ○
(B) Rückenwind ◉
(C) Gegenwind ○
(D) keine der Antworten ○

Frage 23: Durch den Plastikkörper sind die meisten zivil genutzten Drohnen wasserdicht und können bei fast jedem Wetter betrieben werden
(A) richtig ○
(B) falsch ◉

Frage 24: Steigt nicht gesättigte Luft auf oder ab, ist der Zustand ...
(A) trockenadiabatisch ◉
(B) feuchtadiabatisch ○

Kapitel 16: Flugverhalten, Aerodynamik und Einschätzung der Fluglage

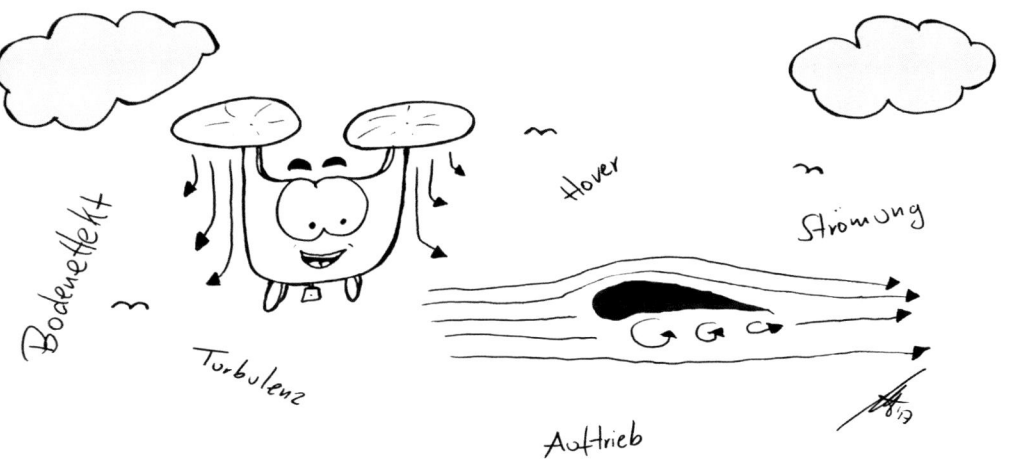

Die Aerodynamik ist, einfach gesagt, der Grund, warum ein UAV in die Luft gehen kann. Mit Hilfe des Auftriebes können Multikopter, aber vor allem auch andere Fluggeräte, wie Segelflieger, überhaupt die Gravitation überwinden. Folgende Kräfte sind in der Luft vorhanden:

Vertikalkräfte[231]

1. **Gewichtskraft:** Die Schwerkraft wirkt durch die Gravitation. Die Masse des Gerätes ist hierbei auch relevant zu betrachten. Die kinetische Energie wird hierbei als potentielle Energie bezeichnet. Die Gewichtskraft ist die Bezeichnung für die vertikale Kraft, die abwärts wirkt.

2. **Auftrieb:** Der Auftrieb ist der direkte Gegenpart zur Gewichtskraft: ist der Auftrieb größer als die die Gewichtskraft, steigt die Drohne. Der Auftrieb ist die Bezeichnung für die vertikale Kraft, die aufwärts wirkt.

Horizontalkräfte[232]

1. **Schub:** Der Schub, auch Antriebskraft genannt, sorgt für die horizontale Kraft, die vorwärts wirkt. Daher wird der Begriff Vortrieb synonym verwand.

2. **Widerstand:** Der Widerstand bremst den Vortrieb, bzw. Schub. Es ist die horizontale Kraft, die rückwärts wirkt.

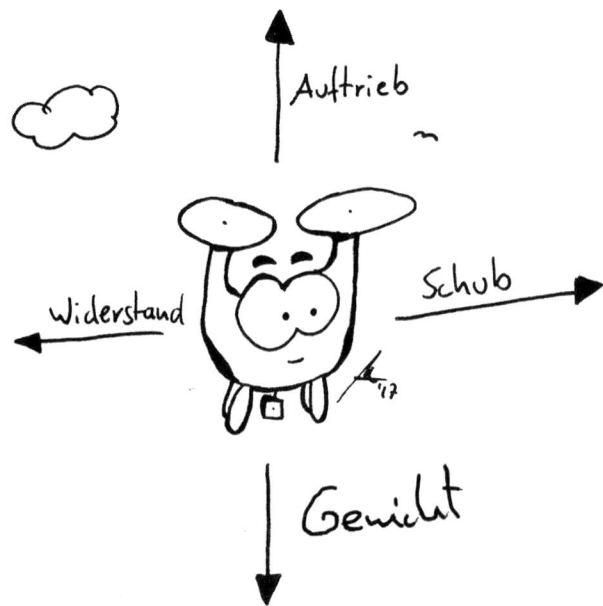

Abb. 16.1: Kräfte in der Luft

Verschiedene Fluggerätarten bedienen sich den aerodynamischen Prinzipen in ebenfalls verschiedener Form. Einige profitieren von der Thermik, andere müssen für den Flug konstant Energie aufwenden und wieder andere sind „leichter als Luft.

Leichter als Luft; Zeppelin und Ballon

So sind Zeppeline und Heißluftballons „leichter" als Luft und profitieren vom natürlichen Auftrieb, ähnlich zu den Luftpaketen aus dem Kapitel Meteorologie. Durch die „leichte" Luft, die entweder aus Helium oder heißer Luft besteht, können Zeppeline und Ballone aufsteigen und lange in der Luft bleiben. Die Steuerung eines Zeppelins erfolgt meist über einen verstellbaren Heckantrieb, welcher den Richtungswechsel bewirkt.

Starrflügler

Der Auftrieb wird bei Flugzeugen durch die Tragflächen erzeugt. Hierbei muss genügend Schub in Verbindung mit einem richtigen Anstellwinkel aufgewendet werden (siehe auch Kapitel Steuerung). Bei mäßigem Anstellwinkel von bis zu 17° spricht man von laminarer Strömung; hier ist die Flugleistung sehr effizient.[233] Je steiler der Anstellwinkel hierbei ist, desto größer ist der Auftrieb, sowie die entstehenden Turbulenzen (siehe Abbildung „Laminare und turbulente Strömung"). Hiermit verbunden ist eine verminderte Effizienz der Flugleistung.[234]

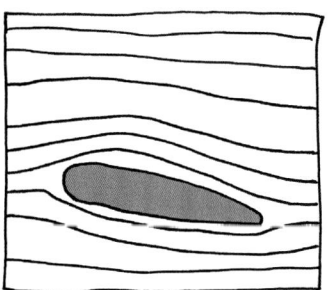 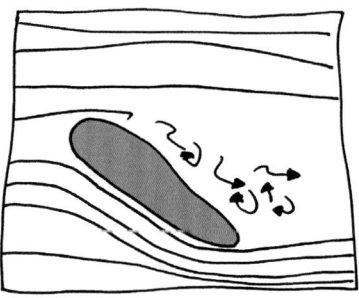

Abb. 16.2: Laminare und turbulente Strömung

Achtung: Wird der Anstellwinkel zu groß, kann es zum Strömungsabriss (auch Stall genannt) kommen, welcher fatale Folgen haben kann. Beim Stall ist der Auftriebskraft geringer als die Gewichtkraft, es kommt zum akuten Sinkflug. Um die Strömung wieder herzustellen sollte bei Flugzeugen die Motorleistung erhöht werden und das Höhenruder nachgelassen werden („Nase senken"). Die verlorene Höhe kann dann über einen flacheren Anstellwinkel und eine geringere Aufstiegsgeschwindigkeit kompensiert werden. Das Phänomen des Strömungsabrisses kommt vordringlich bei geringer Fluggeschwindigkeit, bspw. Starts und Landung, vor und ist durch die Nähe zum Boden besonders gefährlich. Während des Fluges wirken diverse Kräfte auf das Flugzeug ein, welche folgend Stichpunktartig genannt werden, da Flugzeuge im Bereich ziviler Drohnen eher zweitrangig sind.

Drehflügler

Und im Vergleich zu Flugzeugen (Starrflügler) wird bei Drehflüglern mehr Energie aufgewendet. Ein Flugzeug kann zum Beispiel auch natürliche Aufwinde nutzen und stellenweise segeln (Gleitflug). Ein Drehflügler muss konstant Energie aufwenden, kann aber im Gegenzug auf der Stelle schweben oder senkrecht starten.[235] Dies geschieht über die Rotorblätter, genauer die Drehgeschwindigkeit. Ist die Geschwindigkeit ausreichend steigt das Gerät aufwärts, wird die Geschwindigkeit erhöht, erhöht sich ebenso die Steiggeschwindigkeit.

Bodeneffekt

In dem Zusammenhang zu erwähnen ist der so genannte Bodeneffekt, der schon viele Propeller von Drohnen auf dem Gewissen hat. Beim Landen oder schweben in Bodennähe kann die verdrängte Luft nicht gut entweichen und es entstehen unter dem Gerät Turbulenzen, auch Luftpolster genannt.[236] Diese können teilweise sehr stark ausfallen und unter diesen Bedingungen kann der Betrieb unsauber laufen, das Gerät im schlimmsten Fall verunglücken. Die positive Nebenwirkung des Bodeneffekts ist die effizientere Laufzeit des Akkus, da in Bodennähe der Auftrieb verhältnismäßig den Widerstand übertrifft: Der Verbrauch ist hierbei niedriger als in luftigen Höhen.[237]

Weitere Infos zur Steuerung und den verschiedenen Achsen lesen Sie etwas später in dem Kapitel Flugübungen.

Frage 1: Die vertikale Kraft, die „nach unten" wirkt nennt man ...
- (A) Gewichtskraft ●
- (B) Auftrieb ○
- (C) Schub ○
- (D) Widerstand ○

Frage 2: Der Widerstand ist die Gegenkraft zum/zur ...
- (A) Gewichtskraft ○
- (B) Auftrieb ○
- (C) Schub ●
- (D) keine der Antworten ○

Frage 3: Der Auftrieb ist die Gegenkraft zum/zur ...
- (A) Gewichtskraft ●
- (B) Widerstand ○
- (C) Schub ○
- (D) keine der Antworten ○

Frage 4: Als Starrflügler werden ... bezeichnet.
- (A) Hubschrauber ○
- (B) Multikopter ○
- (C) Zeppeline ○
- (D) Flugzeuge ●

Frage 5: Bis zu 17° Anstellwinkel spricht man von einer ... Strömung.
- (A) laminaren ●
- (B) neutralen ○
- (C) positiven ○
- (D) turbulenten ○

Frage 6: Ein Strömungsabriss wird auch ... genannt.
- (A) Abtrieb ○
- (B) Widerstand ○
- (C) Stall ●
- (D) Upstream ○

Frage 7: Der Strömungsabriss ist besonders ... gefährlich.
- (A) in großen Höhen ○
- (B) im Landeanflug ●
- (C) bei Regen ○
- (D) selten ○

Frage 8: Die Zentrifugalkraft ist eine vertikale Kraft und tritt im Kurvenflug auf.

(A) richtig ⦿

(B) falsch ○

Frage 9: Starrflügler können nur senkrecht starten und landen (VTOL).

(A) richtig ○

(B) falsch ⦿

Frage 10: Das „Schweben auf einem Luftpolster" nennt man ...

(A) Luftpolsterphänomen ○

(B) Schwebkraft ○

(C) Bodeneffekt ⦿

(D) keine der Antworten ○

Parallel zu dem Markt der Multikopter, hat sich auch der Markt der Support-Apps entwickelt. Es gibt Apps zum Steuern der Geräte (z. B.DJI Go usw.), zum Streamen des Videolinks und zum Auslösen der Fotos oder auch Flugbücher. Eine digitale Führung des Flugbuches bietet sich in heutigen Zeiten an, da speziell bei dem Betrieb eines DJI

Abb. 17.1: Drohnen-App

Phantom Systems das Smartphone oder Tablet dabei ist und die App simultan genutzt werden kann, bzw. die DJI Go App den Flug automatisch protokolliert. Es können GPS Daten gespeichert und Benutzer eingerichtet werden. Natürlich ist auch ein analoges Flugbuch eine gute Alternative (z. B. das Flugbuch mit Checklisten von „Dr. Drohne"). Auch kann es sein, dass einige Luftfahrtbehörden ein digital geführtes Flugbuch nicht akzeptieren. Die nachfolgend vorgestellten Apps und Internetseiten sind eine Auswahl und stellen nicht die gesamte Bandbreite des Angebots dar. Die Aufzählung erfolgt rein alphabetisch und nicht nach eigenen Prioritäten. Testen Sie die Apps und machen Sie sich selbst ein Bild davon, ob Sie meine Erfahrungen und Empfindungen zu den Applikationen und Webseiten teilen.

DFS Group

Auf den Homepages der DFS Group – **www.dfs.de** und **www.eisenschmidt.aero/drohnenflug** – finden Sie viele nützliche Tipps zu Drohnen und Lufträumen. Auch finden Sie hier die Kontaktdaten zu allen DFS-Towern und den Flugverkehrskontrollfreigabestellen.

Auf der Homepage der R. Eisenschmidt GmbH erhalten Sie viele luftrechtliche Publikationen und ICAO-Karten. Die Seite finden Sie unter **www.eisenschmidt.aero.** Hier können Sie auch diverse Poster, z. B. Luftraumstruktur oder das Poster zum Drohnen 1x1 kostenfrei bestellen.

App Drohnen 1x1

Die App bietet eine Übersicht aktuell gültiger Regelungen und Gesetze in Deutschland. Die Vorteile liegen klar auf der Hand: Die App ist in Zusammenarbeit mit der DFS entstanden und somit inhaltlich korrekt. Änderungen können schnell übernommen werden, sodass Sie immer auf dem aktuellsten Stand sind. Die App ist für iOs und Android erhältlich.

App DFS Drohnen

Die DFS App „DFS Drohnen" bietet ausführliches gratis Kartenmaterial und ist einen Download wert, da auch Naturschutzgebiete erfasst sind. Die App ist sehr umfangreich gestaltet und sollte unbedingt Platz auf Ihrem Smartphone finden.

NOTAM Briefing

Die aktuellen NOTAM bekommen Sie über die Homepage der DFS **www.dfs-ais.de**. Nutzen Sie diese Seite vor jedem Start in der Flugvorbereitung um keine temporäre Änderung der AIP zu verpassen. Alternativ können Sie sich auch telefonisch informieren (AIS Telefon: +49 69 78072500).

Deutscher Aero Club

Auf der Seite des DAEC finden Sie viele News und Informationen rund um die Luftfahrt. Sie erreichen die Internetseite unter **www.daec.de**.

Deutscher Modellflugverband

Viele News und rechtliche Fragestellungen werden auf der Seite des DMFV **www.dmfv.aero** bereitgestellt. Hier finden Sie die neusten Informationen zu Aktionen des DMFV und zur Lobbyarbeit bei politischen Gremien zur Wahrung der Interessen der Modellflieger.

Drone Rules

Diese Seite befindet sich noch im Entwicklungsstatus, könnte aber bei Fertigstellung eine tolle Ergänzung darstellen. Geplant ist hier eine europaweite Darstellung der Regulierungen von Drohnen. Sie finden die Seite unter **www.dronerules.eu**.

DWD

Warnwetter-App

Diese App des Deutschen Wetterdienstes zeigt Ihnen aktuelle Wetterwarnungen, die Sie im Rahmen der Flugvorbereitung benötigen werden. Die App ist kostenfrei und bietet eine gute Übersicht brisanter Wetterlagen.

Wolkenatlas

Der Internationale Wolkenatlas ist eine kostenlose Publikation des Deutschen Wetterdienstes. Hier werden verschiedene Wolken und deren Wettererscheinungen detailliert und umfangreich dargestellt.
https://www.dwd.de/DE/service/lexikon/begriffe/W/Wolkenatlas_pdf.pdf

Gesetze im Internet

Ähnlich wie VORIS und mein persönlicher Favorit, da die generelle Handhabung etwas komfortabler ist und die PDF-Dateien etwas übersichtlicher sind. Dafür fehlt hier die Rückwärtssuche nach alten Fassungen. Die Seite finden sie über **www.gesetze-im-internet.de**. Auch für nicht luftrechtliche Recherche bietet sich die Seite an. Alle Gesetze kann man kostenlos als PDF speichern.

Geodienste

Eine gute Übersicht der Naturschutzgebiete, Landschaftsschutzgebiete usw. bekommen Sie auf der Seite **www.geodienste.bfn.de/schutzgebiete**. Per Knopfdruck können hier Layer hinzu- oder abgewählt werden.

Luftfahrtbundesamt LBA

Die Liste mit anerkannten Stellen finden Sie beim Luftfahrtbundesamt unter **www.lba.de/DE/Luftfahrtpersonal/Unbemannte_Fluggeraete/Liste_anerkannte_Stellen.html**.
Die dem UAV-DACH angegliederten Stellen finden Sie auf der Seite des UAV-DACH.

Sicherer Drohnenflug

Auf dieser Seite finden Sie stets aktuelle Infos zur rechtlichen Entwicklung. Betreiber ist die DFS in Zusammenarbeit mit dem BMVI, wodurch es sich hierbei um eine hochoffizielle Seite handelt. Zu erreichen ist die Seite unter **www.sicherer-drohnenflug.de**.

Dr. Drohne Webseite

Auf der Seite **www.dr-drohne.de** erhalten Sie viel Lesestoff rund um das Thema Drohne. Zudem finden Sie Rechtsgrundlagen, Gratis-Leseproben und Tipps und Tricks.

Kapitel 18: Ordnungs-widrigkeiten und Strafrecht

Was passiert eigentlich, wenn ich mich nicht an die Bestimmungen halte? Wer ist berechtigt mir ein Bußgeld zu geben?

Auf diese und weitere Fragen wollen wir auf den kommenden Seiten eingehen und dabei auch einen Blick auf die häufigsten Fehler werfen, damit wir nicht bald unangenehme Post im Briefkasten haben. Wer sich gewissenhaft an die Regeln hält, wird zu 99% seine fliegerische Karriere ohne Bußgelder verbringen. Deshalb sollte dieses Kapitel mitsamt dem Wissen der vorangegangenen intensiv studiert und verinnerlicht werden. Zuerst gilt es zu klären, wie der Aufbau bzw. Ablauf eines Ordnungswidrigkeitenverfahrens (Owis) ist.

Zuständigkeiten

Für die Ahndung von Verstößen (Ordnungswidrigkeiten) gegen die LuftVO und das LuftVG ist die örtliche Landesluftfahrtbehörde zuständig. Für die Verfolgung von Verletzungen der Regeln über das Führen von Luftfahrzeugen und im Falle der Nichteinhaltung von Flugverfahren (z.B. Einflug in ED-R) ist das Bundesamt für Flugsicherung zuständig. Verstöße gegen Persönlichkeitsrechte sind auf dem Weg der Privatklage zu bestreiten.

Die Ermächtigungsgrundlage für ein Ordnungswidrigkeitenverfahren ergibt sich aus dem § 58 Luftverkehrsgesetz. Unter § 58 Abs. 1 Nr. 10 LuftVG befindet sich bspw. ein Verweis auf das Missachten einer Anordnung oder Auflage einer untergeordneten Rechtsverordnung, gemeint ist hiermit die LuftVO.

In der Luftverkehrsordnung finden Sie die Tatbestände einer Ordnungswidrigkeit unter § 44. Neben Verstößen gegen § 21b LuftVO sind hier u.a. auch Verstöße gegen Nebenauflagen einer Erlaubnis oder das Nichteinholen einer Flugverkehrskontrollfreigabe aufgeführt.

 Es gibt derzeit wenig aktive Recherche von Seiten der Behörden, die das Internet gezielt nach Verstößen gegen das Luftrecht durchsuchen.

Es hat sich zuweilen eine Mentalität entwickelt, bei der man von einer Reinigung von Innen sprechen kann. Viele Inhaber einer Erlaubnis schwärzen sich gegenseitig an oder geben Hinweise auf Steuerer ohne Erlaubnis, die Ihre Dienste anbieten oder unerlaubt Bilder veröffentlichen. Parallel dazu rufen viele genervte Nachbarn die Polizei oder Luftfahrtbehörden an, um sich zu beschweren.

 Nachdem eine Anzeige eingegangen ist, werden die Behörden aktiv und sichern Beweise, teilweise auch aus sozialen Netzwerken.

Gerade deshalb sollte man folgende Punkte beachten, um nicht ins Visier der Behörden zu geraten:

> Beantragen Sie eine Erlaubnis für Ihre Drohne. Auch wenn Sie die Luftbilder nur auf Facebook veröffentlichen wollen. Denn durch eine Recherche werden eventuell weitere Fehler gefunden, die Sie durch eine Erlaubnis vielleicht nicht begangen hätten.

> Nehmen Sie die Informationspflichten gegenüber den Ordnungsbehörden ernst! Wenn diese Stellen über Ihren Einsatz Bescheid wissen, wird bei einem Anruf durch sich gestörte Personen nicht unbedingt ausgerückt.

> Sprechen Sie mit den Nachbarn oder den Personen, über deren Grundstücke Sie fliegen wollen. Eine Info und Erlaubnis vorab ermöglicht den Aufstieg und mindert den Ärger während des Einsatzes.

> Fliegen Sie in bewohntem Gebiet nicht zu riskant umher und meiden Sie den Überflug von Menschen. Nichtflieger können die Fluglage nicht richtig einschätzen und fühlen sich schnell angegriffen.

„Ich wurde im Sturzflug angeflogen und das Gerät wurde 50cm über meinem Kopf erst gestoppt".

In Wirklichkeit konnte in einem Fall des angeblichen „direkten Anflugs" durch ein Video und Aufzeichnungen der App des betreffenden Fluges bewiesen werden, dass das Gerät nicht gezielt auf die Nachbarin zugeflogen worden ist und sich vielmehr im allgemeinen Sinkflug befand (um auf dem eigenen Grundstück zu landen). Das Gerät wurde etwa auf Höhe des Daches im Schwebezustand gelassen. Die empörte Nachbarin war im Video während des Fluges in Ihrem Garten zu sehen. Ebenso als das Gerät auf Höhe des Daches verweilte und eben nicht „50 cm" über ihrem Kopf.

Man sieht also, dass die Wahrnehmung von Positionen und Flugverhalten von „Nichtfliegern" und „Fliegern" verschieden sein kann. Den Behörden liegt aber in der Regel nur die „scharfe" Variante der Anzeigenden vor. Im Verfahren wird dann wahrscheinlich auch das Bußgeld entsprechend hoch ausfallen, wenn Sie kein entlastendes Material liefern (können). Nach neuem Recht wäre dieser Fall trotzdem eine Ordnungswidrigkeit, da das OK der Nachbarin nicht vorlag.

Doch wie ist der Ablauf des Verfahrens?

1. Am Anfang steht die Anzeige. Diese wird durch Nachbarn, andere Piloten oder Neider bei der örtlich zuständigen Luftfahrtbehörde gestellt. Alternativ können auch die Polizei oder die Ordnungsbehörden die Anzeige annehmen und zuständigkeitshalber an die Luftfahrtbehörde weiterleiten. In einigen Teilen Deutschlands ist die Polizei bereits extrem sensibilisiert. Speziell in Hannover werden regelmäßig Geräte „vom Himmel geholt" und die Daten der Steuerer bei Verstößen an die Luftfahrtbehörden weitergeleitet.

2. Die Anzeige wird dann in der Luftfahrtbehörde angenommen und weiter geprüft. Es können anhand der Daten die Accounts sozialer Medien und die Homepage nach den angezeigten und eventuellen weiteren Verstößen durchforstet werden. In der Regel wird der Sachbearbeiter schnell fündig und kann die entsprechenden Verstöße zusammentragen.

3. Es wird eine Anhörung vorgenommen, da dem Beschuldigten die Möglichkeit gegeben werden muss, sich zu der Sache zu äußern.[238] Nutzen Sie hier die Chance, Ihre Unschuldigkeit zu beweisen. In der Anhörung können Sie sämtliches Material wie Videos, Flugbuch, Flugdatenaufzeichnung oder Zeugenaussagen vorbringen. Je mehr Sie Ihre Argumente anhand von Beweisen untermauern, desto größer sind Ihre Chancen, mit einem blauen Auge davonzukommen. Wenn Sie diese Möglichkeit nicht nutzen, wird nach Aktenlage entschieden werden- mit großer Gewissheit wird es dann teurer. Eine Anhörung sollte immer wahrgenommen werden. Denn schlussendlich zeigt es auch Ihren Willen zur Klärung des Sachverhaltes.

4. Nachdem die Anhörung vollzogen ist, wird von der Behörde erneut geprüft und abgewägt. Je überzeugender Ihre Aussagen sind, desto eher werden die Vorwürfe fallengelassen oder das Bußgeld könnte geringer ausfallen.

5. Entweder wird das Verfahren eingestellt oder ein Bußgeldbescheid erstellt. Auch kann die Erlaubnis bei sehr schweren Verstößen eingezogen oder mit weiteren Nebenbestimmungen versehen werden.

6. Um dagegen anzugehen, müssen Sie Klage einreichen und finden sich recht schnell vor Gericht wieder, welches dann über die Rechtswirksamkeit des Bescheides entscheiden muss. Je nach Höhe des Bußgeldes kann ein Gang vor Gericht sinnvoll sein. Sind die von der Behörde vorgebrachten Argumente allerdings richtig und auch nachvollziehbar, ist das Gericht wahrscheinlich nur noch eine zusätzliche Belastung.

Mit welchen Bußgeldern muss ich rechnen?

Hier gibt es keine festen Summen, aber einen beachtlichen Rahmen. Die Behörde kann gemäß § 58 Abs. 2 LuftVG ein Bußgeld von bis zu 50.000,00 € aufrufen.

Sollte der Steuerer nicht zu ermitteln sein, so haftet der Geschäftsführer. In dem Fall entsteht der Vorwurf, dass Aufsichtspflichten verletzt worden sind.

Das Höchstmaß der Möglichkeiten wird natürlich in den seltensten Fällen ausgereizt. Mit einem Bußgeld von 100,00 – 1.000,00 € kann man dafür rechnen. Maßgebend ist die Schwere des Verstoßes. Ein Regelverstoß gegen eine Nebenbestimmung, bspw. wenn die Polizei nicht informiert worden ist, wird wohl mit unter 100,00 € geahndet, während ein Flug über eine Menschenansammlung deutlich teurer ausfallen wird. Die Frage ist immer: Wie gefährlich ist der Verstoß für die öffentliche Sicherheit und Ordnung und den Luftverkehr. Versuchen Sie immer alle Regeln einzuhalten, denn ein Bußgeld ist ärgerlich und, durch ein gewisses Maß an Vorsicht und Rücksichtnahme auf die Belange Dritter, leicht zu verhindern.

Wie kann ich mich gegen einen Bescheid wehren?

Lesen Sie hierzu im Rechtsbehelf des Bußgeldbescheids. In einigen Bundesländern können Sie einen Widerspruch einlegen, in anderen müssen Sie direkt vors Gericht ziehen. Wichtig ist hier vor allem, dass Sie keine Fristen verpassen. Gehen Sie also schnellstmöglich vor, wenn Sie sich im Recht fühlen.

Strafrecht

Sollten Sie Ihre Unterlagen gefälscht haben oder gegen andere Strafrechtliche Normen verstoßen, so wird die zuständige Landesluftfahrtbehörde den Fall an die Staatsanwaltschaft abgeben. Bitte beachten Sie, dass im Strafrecht die zu Zahlenden Beträge weitaus höher ausfallen können und Sie im schlimmsten Fall mit einer Haftstrafe sanktioniert werden können.

Frage 11: Welches Höchstmaß kann ein luftrechtliches Bußgeld haben?
(A) 5.000 € ○
(B) 10.000 € ○
(C) 25.000 € ○
(D) 50.000 € ◉

Frage 12: Wo sind luftrechtliche Ordnungswidrigkeiten von Drohnen primär geregelt?
(A) LuftVG ○
(B) LuftVO ◉
(C) LuftVZO ○
(D) LuftBO ○

Frage 13: Wo finden Sie Möglichkeiten, sich gegen einen Bußgeldbescheid zu wehren?
(A) Anhörung ○
(B) Rechtsbehelf ◉
(C) Zahlungsaufforderung ○
(D) § 58 LuftVG ○

Frage 14: In ganz Deutschland können Sie Widerspruch einlegen.
(A) richtig ○
(B) falsch ◉

Frage 15: Die Verfolgung luftrechtlicher Ordnungswidrigkeiten wird originär von ... wahrgenommen.
(A) der Polizei ○
(B) dem Luftfahrtbundesamt ○
(C) der Landesluftfahrtbehörde ◉
(D) dem Ordnungsamt ○

Frage 16: Die Polizei ist befugt, eine Ordnungswidrigkeit festzustellen und diese an die weiteren Stellen weiterzuleiten.
(A) richtig ◉
(B) falsch, sie hat keine Befugnis ○
(C) falsch, sie ist verantwortlich ○

Frage 17: Mit meiner Drohne kann ich ausschließlich gegen das Luftrecht verstoßen und muss nur mit einem Bußgeld rechnen.
(A) richtig ○
(B) falsch ◉

Kapitel 19: Was passiert in Zukunft?

Auf EASA-Ebene wird ebenfalls mit Hochdruck an einer europaweiten Lösung gewerkelt. Derzeit beschränkt sich die Kompetenz der EASA lediglich auf unbemannte Fluggeräte ab einem Abfluggewicht von 150 kg. Durch eine geplante Erweiterung für auf alle Gewichtsklassen würden analog auch die Gesetze angepasst. Und diese Änderungen haben es in sich. Es werden hier nicht alle Änderungen im Detail erwähnt. Wer sich richtig schlau lesen möchte, dem sei die „A-NPA 2015-10" empfohlen.[239] Folgende Grundprinzipien sollen von Seiten der EASA durch entsprechende Leitlinien bestimmt werden:

> Erfassung aller gewerblich und privat genutzter UAS[240]

> Das Risiko und damit auch die notwendigen Anforderungen an das UAS ergeben sich aus der Anwendung. Ergo kann ein Gerät nach Anwendung eingeordnet werden.[241]

> Einteilung von UAS in drei Kategorien (mit jeweiligen Unterkategorien)

> Vereinfachung der Nutzung von UAS.

Wichtig sind hier die 3 geplanten Kategorien:

> Die Offene Kategorie
> Die Spezifische Kategorie und
> Die Zertifizierte Kategorie[242]

Wollen wir uns doch mal genauer ansehen, was in den jeweiligen Kategorien geplant ist und starten chronologisch in der „open" Kategorie.

Die **Offene Kategorie** zeichnet sich durch ein geringes Risiko aus. Hier gibt es zwar keinen Freibrief, doch trotzdem können die Geräte mit einem Mindestmaß an Regulierungen betrieben werden. Die Vorgaben sollen hier den jeweiligen Einsatz betreffen und lediglich Geräte bis zu einer bestimmten Masse berücksichtigen. Einer Erlaubnis ist für diese Kategorie nicht in allen Unterkategorien zwingend vorgesehen, was den bürokratischen Aufwand vermindert. Nachfolgend einige Rahmendaten der Kategorie open.

> Das maximale Abfluggewicht soll hier 25 kg betragen. Aus diesem Grund soll es noch Untergruppen geben, eine davon etwa die Kategorie „harmless". In diese soll Spielzeug mit geringem Gewicht eingeordnet werden, eine mögliche Grenze liegt bei 250 gr. Die harmlosen Geräte sollen ohne eine Lizenz oder einen Befähigungsnachweis betrieben werden dürfen, da

keine Gefahr von solchen Geräten zu erwarten ist.

› Alle anderen Geräte über 250gr dürfen hingegen nur mit Nachweis über den sicheren Umgang betrieben werden und benötigen eine entsprechende Erlaubnis.

› Ebenfalls sollen diese Geräte Abstand zu am Boden befindlichen Dritten halten und eine Maximalhöhe von 150m AGL nicht überschreiten.

› Der Betrieb hat nur in Sichtweite zu erfolgen und Abstände zu Flugplätzen und sensiblen Gebieten sind einzuhalten[243]

Wie wir sehen, ähnelt diese Kategorie den bisherigen Regeln in Deutschland. Allerdings wird hier nicht unbedingt zwischen Flugmodellen und unbemannten Luftfahrtsystem unterschieden.

Die **Spezifische Kategorie** birgt ein mittleres Risiko und bedarf einer behördlichen Genehmigung. Eine Risikobewertung durch den Betreiber sowie Maßnahmen zur Risikominimierung sind in einem Betriebshandbuch festzuhalten, welches in jedem Fall bereitzustellen ist. Für den Betrieb soll es eine Grundlage geben: SORA (specific operation risk assessment) gibt den Rahmen vor. In dem Assessment wird geprüft, in welchem Gebiet (z.B. dicht besiedeltes Wohngebiet, Wetter etc.) der Aufstieg erfolgen soll. Ebenfalls wird der jeweilige Luftraum in die Abwägung mit einbezogen und das UAV an sich auf seine Attribute geprüft (z.B. Sicherheitssysteme, Gewicht usw.). Im Laufe des SORA werden in einem mehrstufigen Prozess verschiedene SAIL (Specific Assurance Integrity Level) von I (low) bis VI (high) ermittelt; in den Zwischenklassen können die Werte variieren.[244]

Anhand des SAIL entschiedet sich am Ende, welche Maßnahmen ergriffen werden müssen, damit der Betrieb aufgenommen werden kann: von der einfachen Selbstauskunft, sich an alle Regeln zu halten, bis zu verschiedene Gutachten durch Sachverständige und Expertenmeinungen.[245]

Einen weiteren Aspekt stellt die Nutzung an sich dar, also was soll wie gemacht werden. In dieser Kategorie spielt auch die Erfahrung des Steuerers eine Rolle, ebenso die des eventuellen Betreibers. Zuletzt soll ebenfalls geprüft werden, welche Auswirkungen der Betrieb auf die Umwelt haben könnte. Eine Aufstiegserlaubnis wird in dieser Kategorie ein absolutes Muss. Erteilt werden soll diese durch die nationalen Landesluftfahrtbehörden nach den Maßgaben der SORA und des Betriebshandbuchs.[246]

Genaueres über Risikomanagement bei Drohnen und SORA erfahren Sie im 2. Band des Drohnen Guide.

Die **Zertifizierte Kategorie** hat das Höchstmaß an Risiko, bedingt durch den Einsatz und/ oder das Gewicht. Hier sollen Maßstäbe Anwendung finden, die große Parallelen zur bemannten Luftfahrt haben. Auch hier sollen die Behörden für die Erteilung und Überwachung zuständig sein. Zur Sachkunde reicht ein normaler Befähigungsnachweis aber nicht aus: es soll eine Lizenz geben. Das bereits jetzt formulierte ROC – Remote Operator Certificate- stellt deutlich höhere Ansprüche. Der Erwerb soll analog zu den Richtlinien der bemannten Luftfahrt an weitere Bedingungen, wie etwa persönliche Qualitäten, geknüpft sein. Auch müssen hier die Anwendungsbereiche definiert werden, da es sich um schwere Geräte und/ oder gefährliche Einsätze handelt.[247]

Die Regelungen aus der EASA werden kommen, nur ist fraglich, wann und in welchem Umfang dies geschehen wird. Man schätzt aktuell, dass bis zur endgültigen Umsetzung noch einige Jahre vergehen werden. Mit einer vorgelagerten deutschen Lösung ist demnach entsprechend früher zu rechnen, zumal die LuftVO in Bezug auf unbemannte Fluggeräte bereits die ersten Weichen gestellt hat.

Auch an der "Sichtbarkeit" wird derzeit mit Hochdruck gearbeitet. So plant die Deutsche Telekom mit der DFS - Deutsche Flugsicherung GmbH ein so genanntes UTM: Unmanned Traffic Management. Hierbei macht ein Mobilfunkchip das unbemannte Fluggerät sichtbar und sichert so den Flugbetrieb.

Eine Stufe weiter ist man in Dubai. Hier wird seit 2017 ein unbemanntes Drohnentaxi erprobt; die nächste Stufe der Mobilität.

Im Logistikbereich forschen Amazon und DHL an Lösungen für Auslieferungen mittels Drohne in entlegene Gegenden, aber auch für die "Letzte Meile" bei der Paketzustellung.

Es ist davon auszugehen, dass in den kommenden Jahren der Bereich der unbemannten Luftfahrt zunehmen wird und wir in einigen Jahren Drohnen als gewöhnlichen Standard ansehen werden (rechtliche Änderungen vorausgesetzt).

Kapitel 20: Flugübungen, Aerodynamik, Grundlagen des Fliegens und der Steuerung

Achsen

Bevor die Flugmanöver im Detail dargestellt werden, lassen Sie uns einen grundlegenden Blick auf die üblichen Steuermanöver und die verschiedenen Achsen von Drohnen werfen.

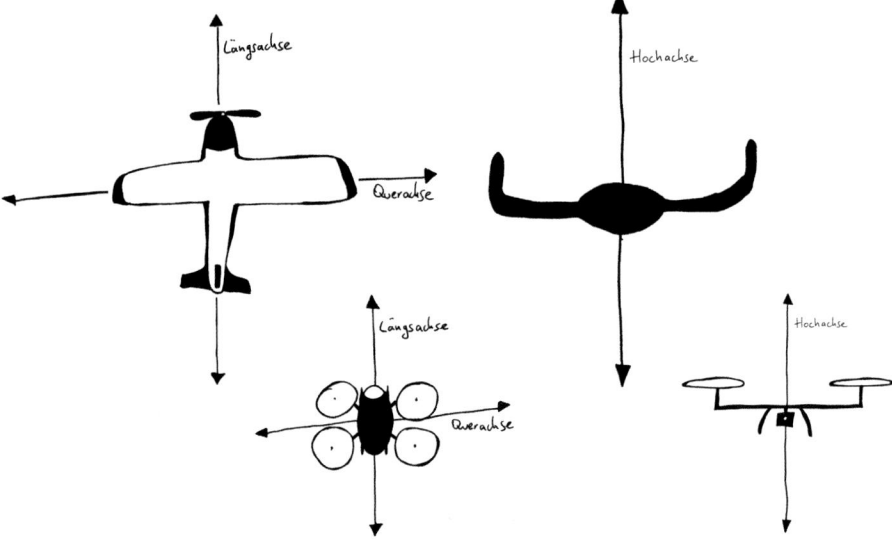

Abb. 20.1:   Achsen

Starrflügler (Flugzeuge) als auch Drehflügler (Hubschrauber und Multikopter) haben drei Achsen, die das Flugverhalten beeinflussen:

1. **Längsachse:** Diese Achse verläuft vom Heck zur Nase der Drohne.

2. **Querachse:** Diese Achse verläuft parallel zur Tragfläche, bzw. von rechts nach links.

3. **Hochachse:** Diese Achse verläuft in Normalstellung von „oben" nach „unten".

Steuerbefehle

Folgende vier Steuerbefehle sind in der normalen Konfiguration vorhanden, sowohl für Starrflügler (Flugzeuge) und Drehflügler (Hubschrauber und Multikopter):
> **Linker Joystick:** Schub (vor= (+), zurück= (-)) und Gierbewegung (links = (L), rechts = (R))
> **Rechter Joystick:** Anstellwinkel/Nickbewegung (Nase hoch/vorwärts= (+), Nase runter/rückwärts= (-)) und Rollbewegung (links= (L), rechts= (R))

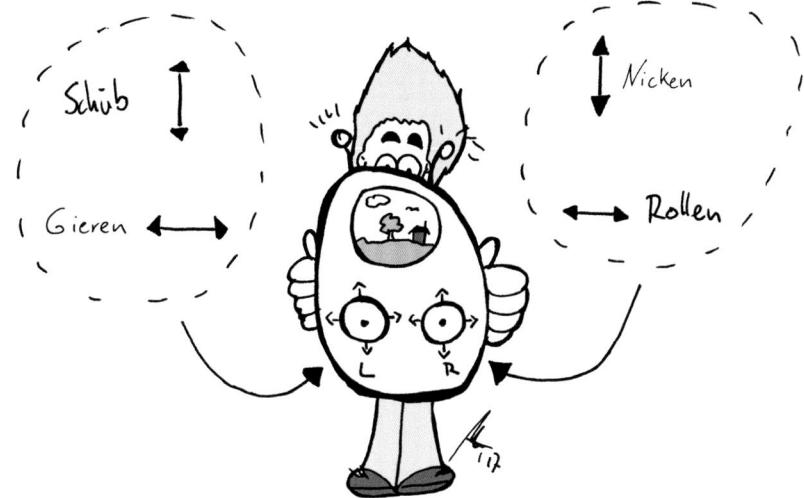

Abb. 20.2:   Steuerbefehle

Auswirkungen der Steuerbefehle auf die Achsen

Längsachse / Rollen (Roll)

Eine Rotation um diese Achse sorgt bei Flugzeugen durch eine Ausschlag der Querruder (Steuerfläche an der Außenkante des Flügels) für einen Kurvenflug. Der Fachbegriff nennt sich hierbei „Rollen". Hierdurch ändern sich, je nach Richtung die Auftriebsverhältnisse des Flügels und das Flugzeug gerät in Schräglage. Sofern die Bewegung in eine Richtung zu lang vorgenommen wird, kann das Flugzeug in die Rückenfluglage gesteuert werden.

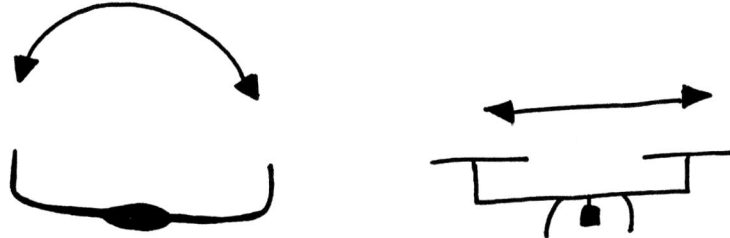

Abb. 20.3:   Steuerbefehl „Rollen"

Bei einem Multikopter bewirkt das Rollen ohne zusätzlichen Steuerbefehl eine Flugbewegung nach links oder rechts, da die meisten Autopiloten den maximalen Rollwinkel begrenzen. Hierbei kippt er zu einer Seite ab, da der Schub bei zwei Motoren (X-Konfiguration: „beide" links oder rechts) bzw. eines Motors (+-Konfiguration) verringert wird.

Querachse / Anstellwinkel- Nicken (Pitch)

Eine Veränderung Auftriebs erfolgt bei einem Flugzeug durch eine Bewegung um die Querachse. Dies geschieht durch das Höhenruder, welches sich am Heck befindet. Wird der Steuerhebel nach hinten gezogen, steigt das Flugzeug, sofern genug Vortrieb bzw. Schub vorhanden ist. Im Extremfall wird so ein Looping geflogen, sofern es nicht vorher zum Strömungsabriss kommt.

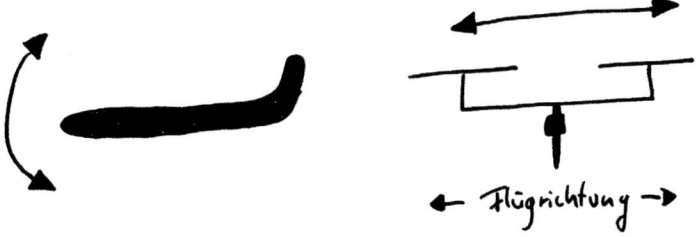

Abb. 20.4:   Steuerbefehl „Pitch"

Bei einem Multikopter hingegen wird durch das Nicken nach vorne oder hinten der Vorwärts- oder Rückwärtsflug eingeleitet. Für den Flug nach vorne wird die Drehzahl der hinteren Antriebe erhöht. Bei Geräten oder Flugmodi ohne Höhenstabilisator wird Flug nach vorne oder hinten parallel ein Sinkflug stattfinden.

Hochachse / Gieren

Beim Gieren findet eine Rotation um die Hochachse statt. Beim Flugzeug wird durch einen Seitenruderausschlag am Heck des Flugzeuges die Nase in die entsprechende gedreht: das Flugzeug giert in die Richtung.

Für einen sauberen Kurvenflug müssen gleichzeitig und gleichsinnig ein Roll- und Gierbefehl ausgeführt werden.

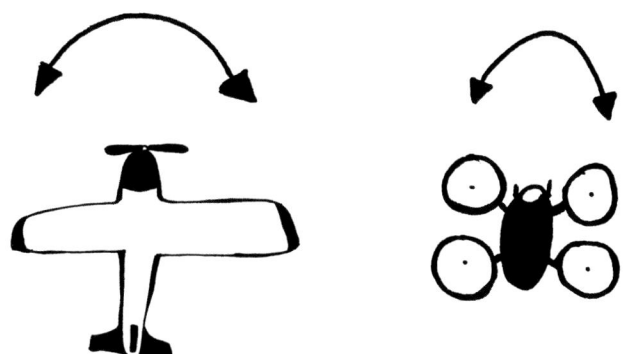

Abb. 20.5:   Steuerbefehl „Gieren"

Auch bei einem Multikopter bewirkt der Steuerbefehl eine Drehung um die eigene Hochachse. Dies kann dazu führen, dass die Drohne nun um 180° gedreht wird und der Steuerer umdenken muss. Denn nun sind die Richtungen vertauscht: ein Steuerbefehl nach LINKS erzeugt „optisch gesehen" einen Flug nach RECHTS. Ein Steuerbefehl zum Flug nach VORN, erzeugt „optisch gesehen" einen Flug nach HINTEN.

Die Beleuchtung Ihrer Drohne oder auch entsprechende Markierungen können eine mögliche Desorientierung verhindern

Schub

Bei Flugzeugen bewirkt die Erhöhung der Schubs eine Beschleunigung nach vorne bzw. eine Abbremsen bei Reduzierung des Schubs. Bei Flugzeugen muss der Schub konstant zugeführt werden, damit die Höhe und Geschwindigkeit gehalten werden. Wird der Schub erhöht und die Nase nach „oben" gezogen, steigt das Flugzeug ohne Geschwindigkeitsverlust.

Bei zu langsamen Fliegen besteht die Gefahr, dass das die Strömung abreist und das Flugzeug in einen unkontrollierbaren Flugzustand gerät.

Wird die Nase nach „unten" gedrückt, sinkt das Flugzeug. Ohne Reduzierung des Schubs, steigt dabei gleichzeitig die Geschwindigkeit.

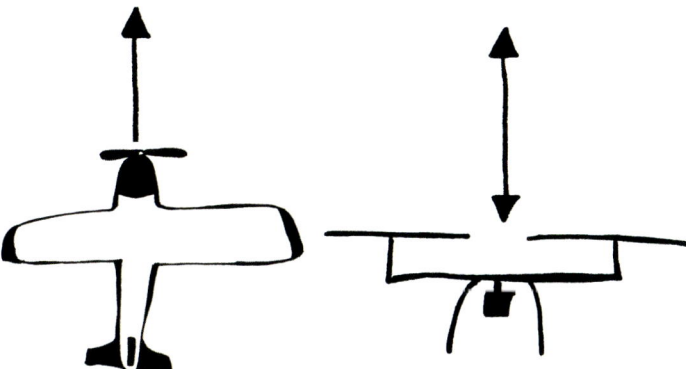

Abb. 20.6:   Steuerbefehl „Schub"

Bei Multikoptern hingegen dient der Schub primär zum Auf- oder Absteigen. Wird Schub gegeben, steigt das Gerät, wird Schub verringert, sinkt es. Sofern das Gerät nicht über eine automatische Höhenstabilisierung verfügt, muss manuell der Schub so gesteuert werden, dass dieses

Die folgenden Flugmanöver sollten Sie bei gutem Wetter (windstill) üben und mit allen Hilfsinstrumenten wie GPS und Höhenstabilisierung starten. Fliegen Sie die Figuren so lange, bis Sie wirklich fit sind. Mit genügend Routine können Sie nun auch das GPS ausstellen und werden feststellen, dass Sie das Gerät weitaus schlechter beherrschen, als gedacht. Die Übungen sind für Multikopter vorgesehen, können teilweise auch von Flugzeugen gemeistert werden (z.B. Übung 6, 10 und 11).

Beim ersten Flug ohne GPS sollte es komplett windstill sein. Ohne GPS hält das Gerät nur noch die Höhe automatisch, vertikal beeinflusst nun selbst ein kleines Lüftchen die Fluglage bzw. Position. Sie werden sehen, dass der Multikopter mit dem Wind abtreiben wird und die Steuerung nicht mehr so leicht von der Hand geht.

Es ist wichtig, dass Sie Ihr Gerät auch ohne Hilfsmittel sicher landen und steuern können. Fällt während eines Einsatzes nämlich eines der Instrumente aus, haben Sie keine andere Wahl. Mit Blick auf die vorangegangenen Kapitel und der hoffentlich erfolgten Sensibilisierung, sollten Sie übereinstimmen, dass es im Rahmen der Gefahrenabwehr ein nötiges Erfordernis darstellt, dass Sie im Notfall nicht zum ersten Mal ohne Hilfsmittel fliegen und das Gerät sicher landen können.

Wenn Sie die Figuren auch ohne GPS beherrschen, können Sie problemlos an einer praktischen Prüfung teilnehmen. Fragen Sie vor der Anmeldung zur Prüfung bei der Firma oder dem Verein nach, welche Anforderungen in der Prüfung gestellt werden.

Kommen wir nun zu den Grundmanövern und deren Ausführung:

Übung 1: Hovern

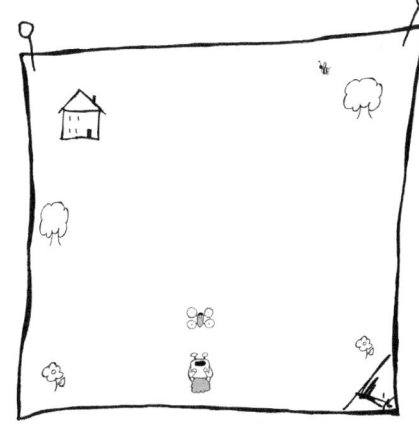

Starten Sie den Multikopter und lassen ihn auf der Stelle in konstanter Höhe mit den Steuerbefehlen Schub (+), Pitch (+/-) und Rollen (+/-) schweben (hovern). Bleiben Sie dabei nicht zu nah am Boden, um den Bodeneffekt zu vermeiden.

Ohne GPS werden Sie merken, dass der Wind nicht nur in der Theorie die Position des Kopters beeinflusst, sondern das Gerät mit dem Wind abdriftet. Die Steuerung wird komplexer. Das hovern in Bodennähe ist eine Basisübung, die Sie vor jedem Einsatz durchführen sollten.

Abb. 20.7:   Hovern

Denn driftet mit GPS das Gerät ab bzw. verändert seine Position, stimmt etwas nicht, Sie sind im falschen Modus oder es ist zu viel Wind. Landen Sie schnellstmöglich.

Übung 2: Schwebeflug „Vor und Zurück"

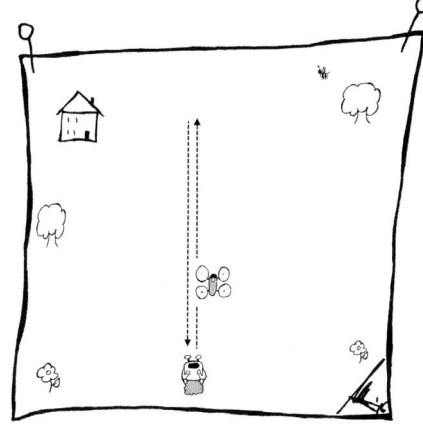

1. Aus der „Hoverposition" steuern Sie den Multikopter (Pitch (+)) vorwärts und fliegen eine gerade Strecke von etwa 10m.

2. Verharren Sie kurz am Zielpunkt ohne abzudriften.

3. Kehren Sie zum Ursprung zurück (Pitch (-)) ohne den Multikopter zu wenden.

Abb. 20.8:   Vor und Zurück

4. Wiederholen Sie diese Übung einige Male.

Abwandlung: Probieren Sie das einmal in:
> seitlicher Lage (Gier (L) 90°, Rollen (R), Rollen (L))
> und alternativ mit „Nase" (Pitch (+), Gier (L) 180°, Pitch (+)) zu Ihnen gerichtet.

Übung 3: Schwebeflug „Vor, U-Turn und Zurück"

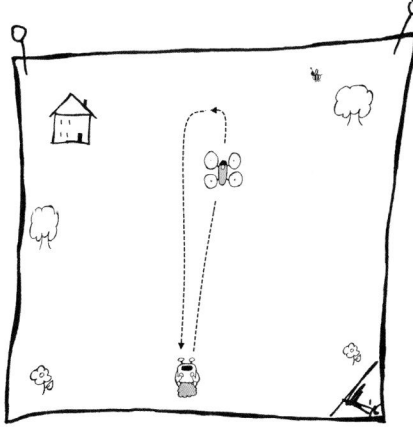

1. Aus der „Hoverposition" steuern Sie den Multikopter vorwärts (Pitch (+)) und fliegen eine gerade Strecke von etwa 10m.

2. Wenden Sie am Ende ohne zu stoppen (Gier 180° (L/R) + Pitch (+)).

3. Kehren Sie zum Ursprung zurück (Pitch (+)).

Abb. 20.9:   Vor, U-Turn und zurück

4. Wiederholen Sie diese Übung einige Male mit unterschiedlichen Richtungen der Wendung.

Übung 4: Schwebeflug „Links-Rechts"

1. Aus der Hoverposition steuern Sie den Multikopter seitwärts und fliegen eine gerade Strecke von etwa 5m (Rollen (L)).

2. Verharren Sie kurz am Zielpunkt ohne abzudriften (hovern).

3. Kehren Sie zum Ursprung zurück (Rollen (R)), ohne den Multikopter zu wenden und fliegen Sie ohne anzuhalten 5m zur anderen Seite.

4. Wiederholen Sie diese Übung einige Male.

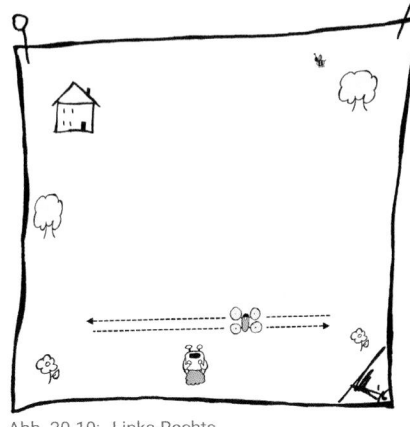

Abb. 20.10: Links-Rechts

Abwandlung: Probieren Sie das einmal alternativ ...
> mit „Nase" zu Ihnen gerichtet (Gier 180° (L/R)) oder
> mit gedrehtem Multikopter (Gier 90° (L/R)).

Übung 5: Schwebeflug Links-Rechts-Hinten

1. Aus der „Hoverposition" steuern Sie den Multikopter seitwärts (Rollen (R)) und fliegen eine gerade Strecke von etwa 1m.

2. Setzen Sie den Kopter zurück (Pitch (-)), etwa auf Ihre Position. Fliegen Sie 4m seitwärts (Rollen (R)).

3. Fliegen Sie 10m vorwärts (Pitch (+)) und dann ca. 10 m seitwärts (Rollen (L)).

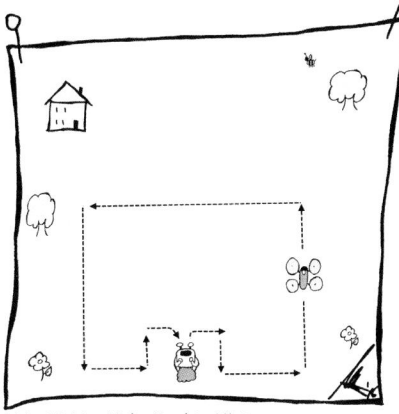

Abb. 20.11: Links-Rechts-Hinten

4. Fliegen Sie 10m rückwärts (Pitch (-)), dann 4m seitwärts (Rollen (R)) in Ihre Richtung.

5. Steuern Sie 1m nach vorn (Pitch (+)), und kehren Sie zum Ursprung zurück (Rollen (R)).

Abwandlung:
Fliegen Sie das gleiche Muster anders herum oder wenden Sie den Kopter.

Übung 6: Der Kreis

1. Fliegen Sie einen Kreis („Nase" immer in Flugrichtung) mit einem Durchmesser von etwa 8 Metern (Pitch (+) + Gier (L/R)). Diese Übung klingt leichter, als sie in Wirklichkeit ist. Versuchen Sie den Kreis auch als solchen zu fliegen und nicht zu „eiern". Mit leichtem Wind nicht ganz einfach.

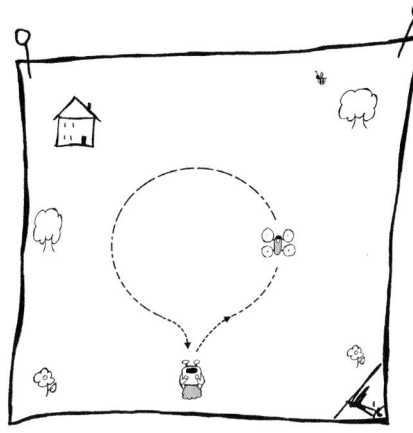

Abwandlung: Fliegen Sie den Kreis ...

> anders herum (Pitch (+) + Gier (L/R)),

Abb. 20.12: Kreis

> rückwärts (Pitch (-) + Gier (L/R)),
> vertikal (Schub (+/-) + Pitch (+/-)) oder
> mit „Nase nach vorne" (Pitch (+/-) + Rollen (L/R)).

Hier wird es knifflig. Alternativ können Sie auch die Kreisgröße variieren.

Übung 7: Ziel umkreisen

1. Fliegen Sie auf das Ziel zu („Nase" immer in Flugrichtung (Pitch (+)) und umkreisen Sie es so eng wie möglich (Pitch (+) + Gier (L/R)).

2. Kehren Sie zurück zum Ursprung (Pitch (+)).

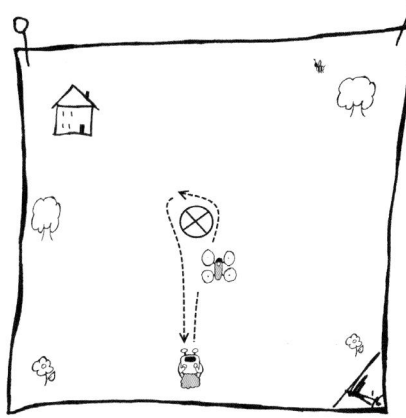

Abwandlung: Fliegen Sie ...

> links herum (Pitch (+) + Gier (L/R)),

Abb. 20.13: Ziel umkreisen

> rückwärts (Pitch (-) + Gier (L/R)) oder
> mit „Nase nach vorne" (Pitch (+/-) + Rollen (L/R)). Hier wird es knifflig.

Übung 8: Rechteck

1. Aus der „Hoverposition" steuern Sie den Multikopter 3m seitwärts (Rollen (R)) und fliegen eine gerade Strecke von etwa 3m vorwärts (Pitch (+)).

2. Fliegen Sie 6m Seitwärts (Rollen (L)) und dann 3m rückwärts (Pitch (-)).

3. Kehre zum Ursprung zurück (Rollen (R)).

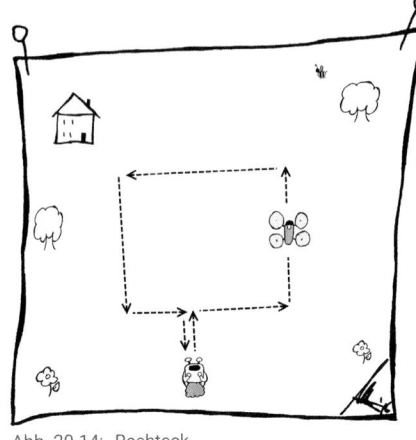

Abb. 20.14: Rechteck

Abwandlung:
Fliegen Sie das gleiche Muster anders herum oder wenden Sie den Multikopter mit der „Nase" immer zur Flugrichtung (Gier 90° (L/R)).

Übung 9: Position anfliegen

1. Aus der Hoverposition steuern Sie den Multikopter auf direktem Weg zu Ziel 1 (Pitch (+) + Gier (L/R) + Rollen (L/R)).

2. Nach kurzem verweilen fliegen Sie zu Ziel 2 (s.o.).

3. Kehren Sie zurück zum Ursprung (s.o.).

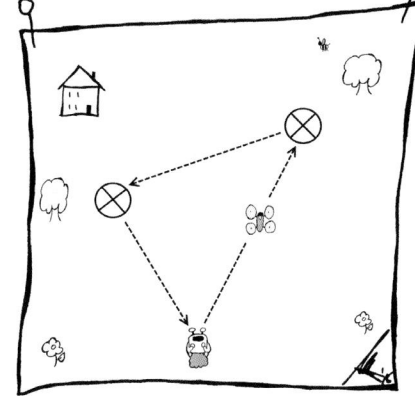

Abb. 20.15: Position anfliegen

Abwandlung: Fliegen Sie ...
> das gleiche Muster anders herum (Gier 180° (L/R)) oder
> nehmen Sie mehrere Ziele, die Sie nacheinander anfliegen.

Übung 10: Die Acht

1. Fliegen Sie eine 8 („Nase" immer in Flugrichtung) (Pitch (+) + Gier (L/R), ab Hälfte −Gier (L/R)) mit einem Durchmesser der Kreise von ca. 5 Metern.

Abwandlung:
Fliegen Sie die Acht anders herum oder mit „Nase" in konstanter Richtung (Pitch (+/-) + Rollen (L/R), ab Hälfte −Gier (L/R)).

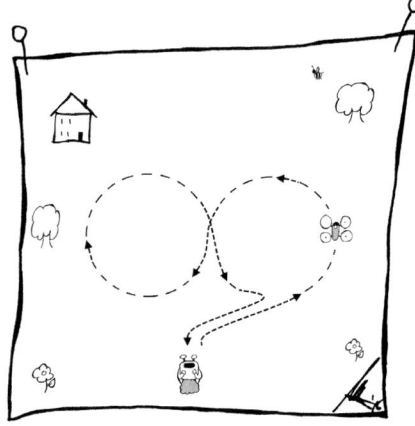

Abb. 20.16: Acht

Übung 11: Der Nasenkreis

1. Fliegen Sie einen Kreis (Nase immer in Flugrichtung) mit einem Durchmesser von etwa 8 Metern um sich herum (Pitch (+/-) + Rollen (L/R)).

Abwandlung: Fliegen Sie den Kreis ...

> links herum (Pitch (+/-) + -Rollen (L/R)),

> rückwärts (-Pitch (+/-) + Rollen (L/R)), oder

> seitwärts (entweder Nase oder Heck konstant auf Sie gerichtet) (Rollen (L/R) + Gier (L/R))

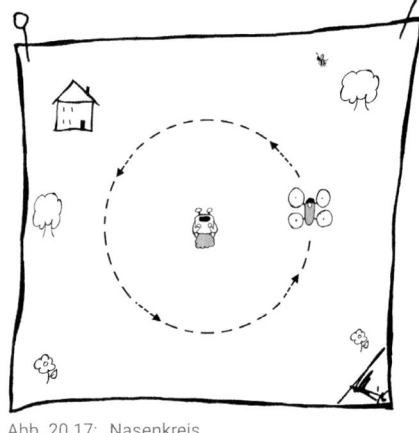

Abb. 20.17: Nasenkreis

Hier wird es knifflig. Alternativ können Sie auch die Kreisgröße variieren.

Übung 12: Parade

1. Gehen Sie einen Kreis mit einem Durchmesser von etwa 8 Metern um den Multikopter herum. Der Multikopter muss Position und Blickrichtung beibehalten (Pitch (+/-) + Gier (L/R) + Rollen (L/R)).

Abwandlung:
Gehen Sie andersherum oder variieren Sie die Kreisgröße.

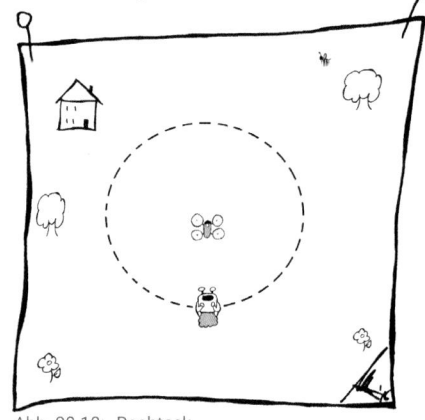

Abb. 20.18: Rechteck

Landen

Eine weitere Übung ist das gezielte Landen auf einem bestimmten Punkt (siehe Übung 9) oder auch eine Notlandung. Bei der Punktlandung sollte der Zielpunkt möglichst genau getroffen werden. Daher sollte dieser nicht zu weit entfernt sein, etwa 10m.

Bei der Notfalllandung geht es um zügiges Landen (Schub (-!)) an beliebigem, aber sicherem Ort.

Anflugmanöver Spiegelverkehrt

Analog zur Übung 3 kann auch gefordert werden, beim Rückflug den Kopter nach links oder rechts zu driften. Weil die Nase zum Steuerer zeigt, muss hier umgedacht werden und der Steuerknüppel nach rechts (Rollen (R)) bzw. links (Rollen (L)) gehen.

Diese Übung ist sehr beliebt und führt, im Prüfungsstress, oft zu Steuerfehlern.

Streckenschätzung/ Entfernungseinschätzung

Probate Mittel zur Abschätzung von Entfernungen, Abständen usw. sind von der Drohne geworfene Schatten am Boden. Der projizierte Schatten des Fluggerätes auf den Boden ermöglicht eine gute Abschätzung des Abstandes zu einem Hindernis. Hierbei kann es ja nach Größe und Form des Gerätes mitunter zu erheblichen Unterschieden kommen, während Farbgestaltung und Beleuchtung des unbemannten Fluggerätes die Einschätzung unterstützen können. Suchen Sie sich in der Umgebung visuelle Referenzpunkte und führen Sie Einschätzungsübungen regelmäßig durch: Je trainierter Sie sind, desto besser können Sie Situationen und Entfernungen einschätzen.

 Achtung Falle: Bei klarer Luft kann es passieren, dass Sie die Entfernung und Höhe zu gering einschätzen, bei trüber Luft hingegen mitunter zu groß einschätzen.

Neben visuellen Techniken kann auch der durch das unbemannte Fluggerät erzeugt Lautstärkepegel bei der Entfernungseinschätzung helfen.

Auch kann anhand von Bildmaterial eine Einschätzung gefordert werden. Hierzu finden Sie auf **www.dr-drohne.de** die Broschüre „Dr. Drohne – Distanzabschätzung für zivile Drohnen". Das in der Broschüre bereitgestellte Material beinhaltet diverse Abstände: horizontal, vertikal und auch diagonal im Abstand 1:1.

Im Rahmen einer praktischen Prüfung kann gefordert werden, dass Sie ohne helfenden Blick auf die Telemetrie das Gerät 30m nach vorne und 20m in die Höhe stellen oder dass Sie ein bestimmtes Ziel ansteuern.

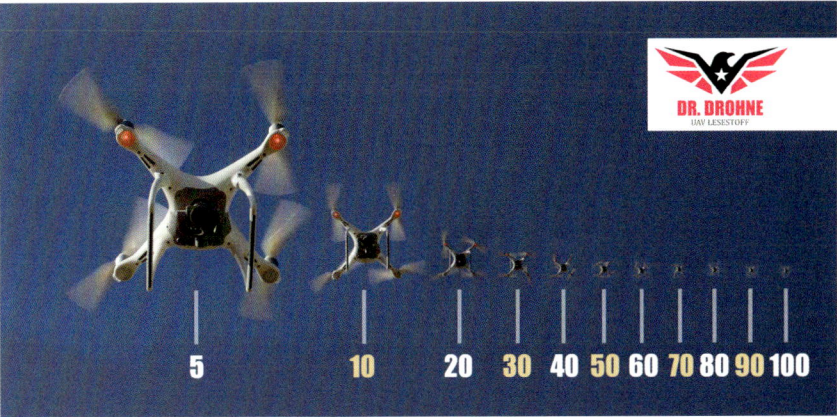

Abb. 20.19: Distanzabschätzung bei DJI Phantom 4

Ausrichtungserkennung

Neben der Entfernung ist speziell bei Multikoptern in der X-Konfiguration nicht immer sofort zu erkennen, wo „vorne" und „hinten" ist. Zumeist ist zwar die Beleuchtung entsprechend positioniert und sollte nach SERA-Standard keine Fragen offenlassen, jedoch ist bei Konsumentendrohnen die Helligkeit in vielen Fällen nicht ausreichend. Ab einer gewissen Höhe (meist bereits ab 50-70 m) ist auch eine gute Beleuchtung oder farbliche Markierung nicht mehr zu sehen oder die Ausrichtung ausreichend zuverlässig zu erkennen. Auch durch schnellen Flug oder Steig- und Sinkbewegungen kann das Gerät außer Sicht geraten oder die Ausrichtung sich gefühlt ändern. Es empfiehlt sich ein langsamer Flug in mittlerer Entfernung und einem Sichtwinkel von ca. 45°, wobei immer konzentriert das Fluggerät durch den Steuerer beobachtet wird. Sollten Sie den Überblick verloren haben, so können Sie sich schnell wieder neu orientieren: An der Fernsteuerung nur den Stick für eine Nickbewegung nach vorne drücken, beobachten in welche Richtung das Fluggerät fliegt. Ist dies nicht möglich, sollten Sie die „Return to Home"-Funktion des Autopiloten aktivieren.

"Sie befinden sich nun am Ende des Basiswissens: Viel Spaß beim Üben, Fliegen, Fotografieren, allzeit guten Flug und jederzeit eine sichere und unfallfreie Landung!"

Glossar und Fliegeralphabet

A wie ALPHA

ADS-B **Automatic Dependent Surveillance – Broadcast**
de: automatische Übertragung abhängiger Beobachtungsdaten; System der Flugsicherung zur Anzeige der Flugbewegungen.

AE **Allgemeinerlaubnis / Allgemeine Betriebserlaubnis**
Form einer Betriebserlaubnis für Drohnen

AGL **Above Ground Level**
de: über Grund

AIC (VFR) **Aeronautical Information Circular**
de: Luftfahrtinformationsrundschreiben; ähnlich zu AIP

AIP **Aeronautical Information Publication**
Veröffentlichungen über Luftraum- und Luftrechtsinformationen

Airframe **Zelle oder Rahmen der Drohne, Grundaufbau**

AMC **Acceptable Means of Compliance**
de: akzeptierte Nachweisverfahren

A-NPA **Advance Notice of Proposed Amendment**
Vorentwurf europäischer Regulierungen

App **Application**
de: Applikation, bzw. Programm; meist für Smartphones

ARC **Airworthiness Review Certificate**
de: Lufttüchtigkeitsnachweis

ARC **Air Risk Class**
de: Risikoklasse Luft

ARF **Almost Ready To Fly**
de: fast flugfertig(es System)

ATPL **Airline Transport Pilot Licence**
Lizenz für Verkehrspiloten

ATTI **Attitude Modus**
Betriebsmodus bei DJI: Hierbei wird das GPS ausgestellt, die Höhe aber gehalten.

ATZ **Aerodrome Traffic Zone**
de: Flugplatzverkehrszone

B wie BRAVO

BDL **Bundesverband der Deutschen Luftverkehrswirtschaft e. V.**

BFU **Bundesstelle für Flugunfalluntersuchung**
Untersuchungsstelle für Flugunfälle

BMVI **Bundesministerium für Verkehr und digitale Infrastruktur**
Oberste Luftfahrtbehörde für zivile Luftfahrtangelegenheiten

BOS	**Behörden und Organisationen mit Sicherungsaufgaben**
	Hierzu zählen zum Beispiel Feuerwehr oder das Technische Hilfswerk
BPL	**Balloon Pilot Licence**
	Ballonpilotenlizenz
B(V)LOS	**Beyond (Visual) Line Of Sight**
	de: außer Sichtweite

C wie CHARLIE

CPL	**Commercial Pilot Licence**
	Berufspilotenlizenz
ConOps	**Concept of Operations**
	de: Einsatzbeschreibung bzw. Betreiberkonzept
CTR	**Control zone**
	de: Kontrollzone

D wie DELTA

D&A	**Detect & Avoid**
	de: Erkennen & Vermeiden; ein D&A-System erkennt Hindernisse und weicht selbstständig aus
DAeC	**Deutscher Aero Club**
	Größter Luftsportverband in Deutschland
DFS	**Deutsche Flugsicherung GmbH**
	Flugsicherungsorganisation
DMFV	**Deutscher Modellflugverband**
	Verband für Modellflieger in Deutschland
DWD	**Deutscher Wetterdienst**
	Verantwortlich für die meteorologische Sicherung der Luftfahrt

E wie ECHO

EASA	**European Aviation Safety Agency**
	de: Europäische Agentur für Flugsicherheit
ECU	**Electronic Control Unit**
	Elektrische Kontrolleinheit
ED-R	**Gebiete mit Flugbeschränkungen**
EE	**Einzelerlaubnis**
	Form einer Betriebserlaubnis für Drohnen
EU	**Europäische Union**
EVLOS	**Extendend Visual Line Of Sight**
	de: erweitere Sichtweite; hier übernimmt ein oder mehrerer Steuerer ein Gerät, sobald es in Sichtweite kommt (und beim ersten Steuerer außer Sicht gerät)

F wie FOXTROTT

FAA	**Federal Aviation Agency**
	Amerikanische Luftfahrtbehörde
Failsafe	**Sicherheitsfunktion u.a. bei Funkausfall**
FL	**Flugfläche**
Flyaway	**Unkontrolliertes Abdriften oder Hinfort-Fliegen einer Drohne.**
	Hierbei kann der Steuerer nicht korrigierend eingreifen.
FMS	**Flight Management System**
FPV	**First Person View**
	de: Egoperspektive
FSAV	**Flugsicherungsausrüstung der Luftfahrzeuge**
ft	**feet**
	de: Fuß (Maßeinheit); 1 ft entspricht 0,3048 m

G wie GOLF

Geofencing	**virtuell eingerichtete Begrenzung (Einzäunung) mittels GPS**
Gimbal	**Kardanische Aufhängung**
	Mehrachsige Stabilisierungsvorrichtung
GNSS	**Global Navigation Satellite System**
	Sammelbegriff für globale Satellitsysteme
GPS	**Global Position System**
	de: globales Satellitsysteme der USA
GRC	**Ground Risk Class**
	Risikoklasse für mögliche Schäden am Boden

H wie HOTEL

h	**Höhe**
HALE	**High Altitude Long Endurance**
	de: große Höhe, lange Reichweite
hPA	**Hektopascal**
	Luftdruckwert
HX	**Kennzeichnung für nicht ständig aktive Lufträume**

I wie INDIA

ICAO	**International Civil Aviation Organisation**
	de: Internationale Zivilluftfahrtorganisation
IFR	**Instrument Flight Rules**
	de: Instrumentenflugregeln
ISA	**ICAO-Standardatmosphäre**
	standardisierte Atmosphäre für Berechnungen

J wie JULIETT

JARUS	Joint Authorities for Rulemaking on Unmanned Systems
	Internationale Arbeitsgruppe zur Regulierung von Drohnen.
J	Joule
	Maßeinheit für kinetische Energie

K wie KILO

kmz (kml)	Keyhole Markup Language
	Eine Datei, die als Layer in bspw. Google-Earth geladen werden kann. Die kmz ist eine komprimierte Version der kml.
KunstUrhG	Kunst-Urheber-Gesetz

L wie LIMA

LAPL	Light Aircraft Pilot Licence
	Leichtflugzeugpilotenlizenz
LBA	Luftfahrt-Bundesamt
LiPo	Lithium-Polymer-Akkus
	Akkuart
LLB	Landesluftfahrbehörde
LuftVG	Luftverkehrsgesetz
LuftVO	Luftverkehrs-Ordnung
LuftVZO	Luftverkehrs-Zulassungs-Ordnung
LVL	Lärmvorschrift für Luftfahrzeuge

M wie MIKE

mAh	Milliamperestunden
	Maßeinheit für die elektrische Ladung
MALE	Medium Altitude Long Endurance
	de: mittlere Höhe, lange Reichweite
Mhz	Megahertz
	Maßeinheit für Funkfrequenz
MPI	Multi-Crew Pilot Licence
	Lizenz für Piloten in mehrköpfigen Flugbesatzungen
MSA	Minimum Sector Altitude
	de: Sicherheitsflughöhe; i. d. R. mind. 1000 ft
MSL	Mean Sea Level
	de: Meeresspiegel
MTOW	Maximum Take-Off Weight
	de: Maximales Startgewicht

N wie NOVEMBER

N/A	Not Applicable
	de: nicht benötigt

NDB	Non-Directional Beacon
	de: ungerichtetets Funkfeuer. Positonsbestimmung in der bemannten Flugnavigation.
NfL	Nachrichten für Luftfahrer
	Verbindliche Bekanntmachungen von Anordnungen sowie wichtige Informationen für die Luftfahrt
NIL	Nothing important left / No Item Listed / None
	de: Keine Änderung/Mitteilung/Inhalt
NN	Normalnull
	Synonym für Meeresspiegel
NOTAM	Notice To Airmen
	Informationen über temporäre und permanente Änderungen des Luftfahrthandbuches AIP

O wie OSCAR

P wie PAPA

Payload	Nutz- oder Traglast einer Drohne, auch Ladung
PIS	Public Interest Site
	Landestelle für Hubschrauber bei Krankenhäusern
PPL	Private Pilot Licence
	de: Privatpilotenlizenz
Propulsion	Antrieb

Q wie QUEBECK

QNH	Luftdruck, reduziert auf Meereshöhe mit ICAO-Standardatmosphäre
QFE	Luftdruck in Flugplatzhöhe

R wie ROMEO

RC	Remote Control
	de: Fernsteuerung
Redundanz	Ein Ausfall eines Motors kann durch eine Vielzahl anderer Motoren kompensiert werden.
Return to Base	siehe RTH
RMZ	Radio Mandatory Zone
	de: Gebiet mit Funkkommunikationspflicht
ROC	Remote Operator Certificate
	de: Steuererzertifikat
ROVER	Remotely Operated Video Enhanced Receiver
	Empfangsgerät für Signale von Drohnen in der Umgebung.
RPAS	Remotely Piloted Aircraft System
	de: ferngesteuertes Luftfahrtsystem

RPV	**Remotely Piloted Vehicle**
	de: ferngesteuertes Gerät
RTH	**Return To Home**
	de: Rückkehr zum Startpunkt (Homepoint); das Gerät kehrt autonom zum Startpunkt zurück

S wie SIERRA

SAIL	**Specific Assurance Integrity Level**
	Risikostufe gem. SORA zur Ermittlung der Gegenmaßnahmen
SAR	**Search And Rescue**
	de: Suchen und Retten
SERA	**Standardised European Rules of the Air**
	Standardisierte Europäische Luftverkehrsregeln
SMH	**Sicherheitsmindesthöhe**
	Mindestflughöhe für bemannten Luftverkehr
SOP	**Standard Operating Procedures**
	de: Standardbetriebsverfahren
SORA	**Specific Operational Risk Assesment**
	Risikobewertung
SORA-GER	**Specific Operational Risk Assesment Germany**
	Risikobewertung (deutsche Version)
SPL	**Sport Pilot Licence**
	de: Segelflugpilotenlizenz
sUAS	**small Unmanned Aerial System**
	de: kleines unbemanntes Luftfahrtsystem

T wie TANGO

Tethered	**gefesselt(e Drohne; kabelgebunden; angebunden)**
Tilt Wing	**Kippflügler**
	Die Antriebe/Tragflächen lassen sich kippen
TMZ	**Transponder Mandatory Zone**
	de: Zone mit Transponderpflicht
TRA	**Temporary Reserved Airspace**
	de: zeitweilig reservierter Luftraum

U wie UNIFORM

UAS	**Unmanned Aerial System**
	de: unbemanntes Luftfahrtsystem
UAV	**Unmanned Aerial Vehicle**
	de: unbemanntes Fluggerät

V wie VICTOR

VFR	**Visual Flight Rules**
	de: Sichtflugregeln
VHF	**Very High Frequency**
	de: Ultrakurzwellen (30 bis 300 MHz)
VLOS	**Visual Line Of Sight**
	de: Sichtweite
VOR	**VHF Omnidirectional Radio Range**
	de: UKW-Drehfunkfeuer
VORIS	**Vorschrifteninformationssystem**
	Online Vorschriftensammlung
VR	**Virtual Reality**
	de: virtuelle Realität
VTOL	**Vertical Take-Off and Landing**
	de: Senkrechtstart und -landung

W wie WHISKEY

W	**Watt**
	Physikalische Einheit der Leistung
Waypoint	**Wegpunkt**
Wh	**Watt-Stunden**
	Maßeinheit der Energie
WLAN	**Wireless Local Area Network**
	de: Drahtlosnetzwerk, meist auf 2,4 Ghz-Basis

X wie X-RAY

Y wie YANKEE

Z wie ZULU

Literatur- und Quellenverzeichnis

BAZL-RPAS WORKING GROUP – BUNDESAMT FÜR ZIVIL-LUFTFAHRT (2016): Zivile Drohnen in der Schweiz – Eine neue Herausforderung. Online verfügbar unter **https://www.bazl.admin.ch/dam/bazl/de/dokumente/Gut_zu_wissen/Drohnen_und_Flugmodelle/Bericht%20zivile%20Drohnen.pdf.download.pdf/Bericht%20Zivile%20Drohnen.pdf**, zuletzt aufgerufen am 27.08.2017

BECK, Maximilian (2016): Dr. Drohne: Basiswissen für Steuerer unbemannter Flugsysteme auf dem Weg zur Aufstiegserlaubnis. 2. Auflage. Norderstedt: Book on Demand Verlag GmbH.

BECK, Maximilian (2017): Dr. Drohne: Dr. Drohne - Bewertung geplanter Normen zur Regulierung ziviler Drohnen anhand von ökonomischen Interessen und gesellschaftlichen Risiken. 1. Auflage. Norderstedt: Book on Demand Verlag GmbH.

BECK, Maximilian (2017a): Dr. Drohne: Dr. Drohne – Distanzabschätzung für zivile Drohnen (Broschüre). Online verfügbar unter **https://www.dr-drohne.de/bücher/dr-drohne-distanzabschätzung-für-zivile-drohnen/**, zuletzt aufgerufen am 27.08.2017.

BECKER, Dr. Jürgen (1989): Gefährdung von Hubschraubern durch Vogelschlag. In: Vogel und Luftverkehr, Band 9, Heft 1. Wittlich. Auch online verfügbar unter **www.davvl.de/sites/default/files/fachzeitschriften-beitrag/Becker%2089-1.pdf**, zuletzt aufgerufen am 27.08.2017.

BRAHMS, Dr. Florian; MASLATON, Prof. Dr. Martin (2016): Die gewerbliche Nutzung von Drohnen im Lichte der geplanten Novelle der LuftVO. In: SCHUNDER; PRAUSE: Neue Zeitschrift für Verwaltungsrecht 16 2016, 1125.

BIERMANN, Kai; WIEGOLD, Thomas (2015): Drohnen: Chancen und Gefahren einer neuen Technik. Berlin: Christoph Links Verlag GmbH.

BMVI – BUNDESMINISTERIUM FÜR VERKEHR UND DIGITALE INFRASTRUKTUR (2016): Verordnungsentwurf des Bundesministeriums für Verkehr und digitale Infrastruktur: Verordnung zur Regelung des Betriebs von unbemannten Fluggeräten, Stand Oktober 2016.

BMVI – BUNDESMINISTERIUM FÜR VERKEHR UND DIGITALE INFRASTRUKTUR (2017a): Minister Dobrindt bringt Neuregelung für Drohnen-Flüge auf den Weg. Online verfügbar unter **https://www.bmvi.de/SharedDocs/DE/Artikel/LR/151108-drohnen.html**, zuletzt aufgerufen am 27.08.2017.

BMVI – BUNDESMINISTERIUM FÜR VERKEHR UND DIGITALE INFRASTRUKTUR (2017b): Die neue Drohnen Verordnung - Flyer. Online verfügbar unter **https://www. bmvi.de/SharedDocs/DE/Publikationen/LF/flyer-die-neue-drohnen-verordnung. pdf?__blo b=publicationFile**, zuletzt aufgerufen am 27.08.2017.

BUNDESRAT (2017): Verordnung zur Regelung des Betriebs von unbemannten Fluggeräten. Drucksache 39/17 vom 18.01.2017. Online verfügbar unter **www. bundesrat.de/SharedDocs/drucksachen/2017/0001-0100/39-17.pdf?__blob=-publicationFile&v=1**, zuletzt aufgerufen am 27.08.2017.

DAEC – DEUTSCHER AERO CLUB (2016): Stellungnahme der Bundeskommission Modellflug des Deutschen Aero Clubs zur „Verordnung zur Regelung des Betriebs von unbemannten Luftfahrzeugen", online verfügbar unter **www.mfsd.de/images/ stories2016/BuKoaktuell/DOSB_Stellungnahme%20des%20DAeC-BuKoMF_ Endfassung.pdf**, zuletzt aufgerufen am 27.08.2017.

DWD – DEUTSCHER WETTERDIENST (o.J.): ICAO-Standardatmosphäre (ISA). online verfügbar unter **https://www.dwd.de/DE/service/ lexikon/begriffe/S/stan-dardatmosphäre_pdf.pdf?_blob=publicationsFile&v=3**, zuletzt aufgerufen am 27.08.2017.

DHL (2017): DHL Paketkopter 3.0. Online verfügbar unter **www.dpdhl.com/de/ presse/specials/paketkopter.html**, zuletzt aufgerufen am 27.08.2017.

DJI (2013): PHANTOM Product Release Notes, online verfügbar unter **http:// dl.djicdn.com/downloads/phantom/en/PHANTOM_release_notes_en.pdf**, zuletzt aufgerufen am 27.08.2017.

DJI (2015): Phantom 2 User Manual, online verfügbar unter: **http://dl.djicdn.com/ downloads/phantom-2-vision/en/Phantom_2_Vision_User_Manual_v1.8_en.pdf**, zuletzt aufgerufen am 27.08.2017.

DJI (2016 a): Drones, online verfügbar unter **www.dji.com/products/drones**, zu-letzt aufgerufen am 27.08.2017.

DJI (2016b): Flame Wheel ARF Kit, online verfügbar unter **www.dji.com/flame-wheel-arf**, zuletzt aufgerufen am Stand 27.08.2017.

DJI (2016c): DJI Lightbridge Quick Start Guide V1.04, online verfügbar unter **http:// download.dji-innovations.com/downloads/lightbri dge/Lightbridge_Quick_Start_ Guide_v1.04.pdf**, zuletzt aufgerufen am 27.08.2017.

DJI (2016d): Phantom 4 Specs, online verfügbar unter **https://www.dji.com/phantom-4/info**, zuletzt aufgerufen am 27.08.2017.

DJI (2016e): Inspire 1 Specs, online verfügbar unter **www.dji.com/inspire-1/info**, zuletzt aufgerufen am 27.08.2017.

DJI (2016f): Spreading Wings S1000 Specs, online abrufbar unter **www.dji.com/spreading-wings-s1000/spec**, zuletzt aufgerufen am 27.08.2017.

DJI (2016g): Phantom 4 User Manual, online verfügbar unter **https://dl.djicdn.com/downloads/phantom_4/en/Phantom_4_User_Manual_en_v1.2_20160805.pdf**, zuletzt aufgerufen am 27.08.2017.

DJI (2017): Fly Save, online verfügbar unter **www.dji.com/de/fly-safe/category-mc?www=v1**, zuletzt aufgerufen am 27.08.2017.

DMFV – Deutscher Modellflug-Verband (2014a): Stellungnahme des DMFV zum Thema "genehmigungspflichtiger Modellflug", online verfügbar unter **https://www.dmfv.aero/presse/presse-meldungen/stellungnahme-des-dmfv-zum-thema-genehmungspflichtiger-modellflug/**, zuletzt aufgerufen am 27.08.2017.

DMFV – Deutscher Modellflug-Verband (2014b): Versicherungsschutz, online verfügbar unter **https://www.dmfv.aero/files/DMFV-Broschuere-Versicherungen.pdf**, zuletzt aufgerufen am 27.08.2017.

DMFV – Deutscher Modellflug-Verband (2015): Modelle mit Kamera – das muss man wissen, online verfügbar unter **https://www.dmfv.aero/recht/modelle-mit-kamera-das-muss-man-wissen/**, zuletzt aufgerufen am 27.08.2017.

DMFV – Deutscher Modellflug-Verband (2014c): DMFV sorgt für Rechtssicherheit, online verfügbar unter **https://www.dmfv.aero/presse/presse-meldungen/dmfv-sorgt-fuer-rechtssicherheit/**, zuletzt aufgerufen am 27.08.2017.

DOBIE, Greg (2016): Rise of the Drones - Managing the Unique Risks Associated with Unmanned Aircraft Systems. In: Allianz Global Corporate & Specialty SE (Hg.): Rise of the Drones - Managing the Unique Risks Associated with Unmanned Aircraft Systems. München. Online verfügbar unter **https://www.agcs.allianz.com/assets/PDFs/Reports/AGCS_Rise_of_the_drones_report.pdf**, zuletzt aufgerufen am 27.08.2017.

DWD – DEUTSCHER WETTERDIENST (1990): Internationaler Wolkenatlas. 2. Auflage. Offenbach am Main. Online verfügbar unter **https://www.dwd.de/DE/service/lexikon/begriffe/W/Wolkenatlas_pdf.pdf**, zuletzt aufgerufen am 27.08.2017.

ESYS – EUROPÄISCHES SEGEL-INFORMATIONSSYSTEM (o.J.): Segeln/Wetter: Land und Seewindzirkulation, online verfügbar unter **www.esys.org/wetter/land-wind-seewind-zirkulation.html**, zuletzt aufgerufen am 27.08.2017.

EASA – EUROPEAN AVIATION SAFETY AGENCY (2015): Advance Notice of Proposed Amendment 2015-10. Introduction of a regulatory framework for the operation of drones. Auch online verfügbar unter **https://www.easa.europa.eu/system/files/dfu/A-NPA%202015-10.pdf**, zuletzt aufgerufen am 27.08.2017.

FELLING, Walter; **TOFAHRN**, Frank (2014): Rechtliche und (funk)technische Betrachtung zum Betrieb von unbemannten Luftfahrzeugen mit innovativer Technik. Schriftenreihe zum Modellflug Nr. 01/2014. Online verfügbar unter **www.mfsd.de/images/funk/fpv_und_drohnen.pdf**, zuletzt aufgerufen am 27.08.2017.

FISCHER, Bernd (o.J.): Der Tornado der Energiewende: Windschleppen, online verfügbar unter **http://ruhrkultour.de/der-tornado-der-energiewende-wirbelschleppen/**, zuletzt aufgerufen am 27.08.2017.

FISCHER, Joerg K. (2008): Medienrecht und Medienmärkte. Berlin: Springer-Verlag Berlin Heidelberg.

FLIEGERCLUB EICHSTÄTT e.V. (2017): Aufwinde, online verfügbar unter **https://www.fliegerclub-eichsta-ett.de/fliegen/wissenswertes/aufwinde.html**, zuletzt aufgerufen am 27.08.2017.

FLYNEX (2016): Regelung zum Nachtflug beim Fliegen mit Drohnen, online verfügbar unter **https://www.flynex.de/wp-content/uploads/2016/04/Flyer-Nacht-flug-V02.pdf**, zuletzt aufgerufen am 27.08.2017.

FRIEDRICHS, Hauke; **WITZENBURG**, Jan Boris (2016): Die Bundeswehr rüstet mit Kampfdrohnen auf, online verfügbar unter **www.stern.de/politik/deutschland/bundeswehr-ruestet-mit-kampfdrohnen-auf-6724576.html**, zuletzt aufgerufen am 27.08.2017.

GIEMULLA, Elmar; **SCHMID**, Ronald (1990/2016): Frankfurter Kommentar zum Luftverkehrsrecht. Loseblattwerk mit Aktualisierungen 2016. Loseblatt. Luchterhand. Anmerkung: Eine Aktualisierung des Kommentars ist derzeit noch nicht verfügbar, sodass der Kommentar analog angewendet werden musste.

GIEMULLA, Elmar (2016c): Fachvortrag vom 15.03.2016: Emanzipation ziviler Drohnen, Präsentation online verfügbar unter **www.kolloquium-flugfuehrung.de/wp/wp-content/uploads/2016/03/Giemulla.pdf**, zuletzt aufgerufen am 27.08.2017.

GROß, Herbert (2015): Luftfahrt Wissen. 4. Aufage- Motorbuch Verlag. Stuttgart.

HELIFLIGHT (2017): Der Helikopter im Schwebeflug, online verfügbar unter **www. hubschrauber.li/sogehts/aerodynamik/mai_aer_sch.htm**, zuletzt aufgerufen am 27.08.2017.

HELIWELT (o.J.): Bodeneffekt, online verfügbar unter **www.heliwelt24.de/cms/ BodenEffekt**, zuletzt aufgerufen am 27.08.2017.

ICAO (2016): Member List, online verfügbar unter **www.icao.int/MemberStates/ Member%20States.Multilingual.pdf**, zuletzt aufgerufen am 27.08.2017.

JARUS – Joint Authorities for Rulemaking of Unmanned Systems (2016): JARUS guidelines on Specific Operations Risk Assessment (SORA- Entwurf).

JARUS – Joint Authorities for Rulemaking of Unmanned Systems (2017): JARUS guidelines on Specific Operations Risk Assessment 1.0. Online verfügbar unter **www.jarus-rpas.org/publications**, zuletzt aufgerufen am 27.08.2017.

KASSERA, Winfried (2016): Motorflug Kompakt – Das Grundwissen zur Privatpilo-tenlizenz. 6. Auflage (1. Auflage 2016). Motorbuch Verlag. Stuttgart.

KORNMEIER, Claudia (2012): Der Einsatz von Drohnen zur Bildaufnahme – Eine luftrechtliche und datenschutzrechtliche Betrachtung. Berlin: LIT Verlag Dr., W. Hopf.

KÜHL, Eike (2014): Geschenk überm Weihnachtsbaum, online verfügbar unter **www.zeit.de/digital/mobil/2014-11/drohnen-multikopter-kauf-fragen-erlaubnis**, zuletzt aufgerufen am 30.01.2017.

LANGE, Sascha (2003): Flugroboter statt bemannter Militärflugzeuge? Stiftung Wissenschaft und Politik -SWP- Deutsches Institut für Internationale Politik und Sicherheit (Ed.) (SWP-Studie S 29). Online verfügbar unter **www.ssoar.info/ssoar/ handle/document/26203**, zuletzt aufgerufen am 27.08.2017.

LBA – Luftfahrtbundesamt (2017): Hinweise zur Anerkennung von Stellen zur Ausstellung von Bescheinigungen des Nachweises ausreichender Kenntnisse und Fertigkeiten zum Betrieb von unbemannten Fluggeräten (UAS), online verfügbar unter **www.lba.de/ SharedDocs/Downloads/DE/L/L1/Unbemannte _Fluggerae-te/00_Informationsblatt.pdf?__ blob=publicationFile&v=5**, zuletzt aufgerufen am 27.08.2017.

MAEHNER, Julia (2016): Abgehoben gut? Online verfügbar unter **www. chip.de/artikel/Drohne-mit-Kamera-bei-Aldi-Was-taugt-das-40-Euro-Gadget_102260458. html**, zuletzt aufgerufen am 27.08.2017.

MUHREN, Petter (2008): Nano UAS – An Upcoming Reality. In: UVS International (Hg.):UAS Yearbook 2008/2009. Paris: Blyenburgh & Co. Auch online verfügbar unter **http://media.aero.und.edu/uasresearch.org/documents/132_Feature-Article_NANO-UAS-An-Upcoming-Reality.pdf**, zuletzt abgerufen am 27.08.2017.

NLSTBV – NIEDERSÄCHSISCHE LANDESBEHÖRDE FÜR STRASSENBAU UND VERKEHR (2017): Antrag auf Erteilung einer Betriebserlaubnis in Form einer allgemeinen Sondererlaubnis, online verfügbar unter **www.strassenbau.niedersachsen.de/startseite/aufgaben/luftverkehr/unbemannte_luftfahrtsysteme_uas_oder_drohnen/drohnen-unbemannte-luftfahrtsysteme-uas-und-flugmodelle--114884.html**, zuletzt aufgerufen am 27.08.2017.

o. A. (kperkins1982) (2016): Dezibel-Messung einer Drohne, Forenbeitrag, online verfügbar unter **https://www.reddit.com/r/djiphantom/comments/49vuxj/ looking_for_the_decibel_level_of_a_phantom_3_at/**, zuletzt aufgerufen am 27.08.2017.

PARROT (2016): Parrot Bebop Explorer Übersicht; Minidrones, online verfügbar unter **https://www.parrot.com/de/drohnen/parrot-bebop-2-explorer**, zuletzt aufgerufen am 27.08.2017.

PARROT (2017): Parrot Disco FPV, online verfügbar unter **https://www.parrot.com/ de/DROHNEN/parrot-disco-fpv# disco-fpv**, zuletzt aufgerufen am 27.08.2017.

PFEFFER, Gert (o.J.): Meteorologie, Feuchtmaße usw. Online verfügbar unter **www. gerd-pfeffer.de/atm_feuchte2.html** zuletzt aufgerufen am 27.08.2017.

REGENFUS, Thomas (2011): Zivilrechtliche Abwehransprüche gegen Überflüge und Bildaufnahmen von Drohnen. Ergänzte und überarbeitete Fassung des am 14.05.2011 gehaltenen Vortrags. Eine Kurzfassung ist in NZM 2011, 799 ff. erschienen. Online verfügbar unter **http://www.irut.jura.uni-erlangen.de/Forschung/Tagungen/Beitraege_IRuT_2011/Regenfus.pdf**, zuletzt aufgerufen am 27.08.2017.

REUTERS/DPA (2016): Lufthansa kooperiert mit Drohnen-Hersteller, online verfügbar unter **www.spiegel.de/wirtschaft/unternehmen/lufthansa-kooperiert-mit-drohnen-hersteller-dji-a-10740 58.html**, zuletzt abgerufen am 27.08.2017.

RITT, Stefan Andreas (2009): Und die Struktur Hält. In: Deutsches Zentrum für Luft- und Raumfahrt e.V. (DLR) in der Helmholtz-Gemeinschaft (Hg.): DLR NACH-RICHTEN – Das Magazin des Deutschen Zentrums für Luft- und Raumfahrt. Ausgabe 122, April 2009. Online verfügbar unter **www.dlr.de/Portaldata/1/Resources/ kommunikation/publikationen/122_nachrichten/DLR-Nachrichten_122.pdf**, zuletzt aufgerufen am 27.08.2017.

RÜHDER, Thomas (2016): Was macht denn schon das Spielzeug? In: Vereinigung Cockpit: VC INFO Sonderheft zur ILA 2016; Drohnen & Luftfahrt. Online verfügbar unter **https://indd.adobe.com/view/eac1d3af-b6b5-41af-a121-bf1d8519f44a**, zuletzt aufgerufen am 27.08.2017.

SAFEDRONE (2017): Onlinekurs, online verfügbar auf **https://www.safe-drone.com/ de/app/wbt/wbt-uebung/**, zuletzt aufgerufen am 27.08.2017.

SCHILLER, Josef (2016):   Drone Regulation In Germany. Vortrag bei der DFS Technology Conference am 25.10.2016 für das BMVI.

SIMONS, Jan (2015): Stellungnahme des Europäischen Wirtschafts- und Sozial-ausschusses zu der Mitteilung der Kommission an das Europäische Parlament und den Rat: Ein neues Zeitalter der Luftfahrt — Öffnung des Luftverkehrsmark-tes für eine sichere und nachhaltige zivile Nutzung pilotenferngesteuerter Luft-fahrtsysteme. Amtsblatt der Europäischen Union (COM (2014) 207 final). Online verfügbar unter **http://eur-lex.europa.eu/legal-content/DE/TXT/PDF/?uri=CE-LEX:52014AE3189&from=DE**, zuletzt aufgerufen am 27.08.2017.

SOLMECKE, Christian (2017): Neue Drohnen-Verordnung – Verschärfte Regeln für Nutzer, online verfügbar unter **https://www.wbs-law.de/allgemein/die-rechtli-chen-probleme-des-einsatzes-von-zivilen-drohnen-49854/**, zuletzt aufgerufen am 27.08.2017.

SOKOLOV, Daniel AJ (2016): Obamas Regeln für Morde per Drohne veröffentlicht, online verfügbar unter **https://www.heise.de/newsticker/meldung/Obamas-Re-geln-fuer-Morde-per-Drohne-veroeffentlicht-3289548.html**. Zuletzt aufgerufen am 27.08.2017.

WEIBEL, Roland E. (2005): Safety Considerations for Operation of Different Clas-ses of Unmanned Aerial Vehicles in the National Airspace System. Kansas: B.S. Aerospace Engineering University. Auch online verfügbar **https://dspace.mit.edu/ bitstream/handle/1721.1/30364/61751476-MIT.pdf?sequenc%20e=2**, zuletzt abgerufen am 27.08.2017.

YUNEEC (2016a): Typhoon 4k und Typhoon H Übersicht, online verfügbar unter **https://www.yuneec.com/de_DE/kameradrohnen/typhoon-h/uebersicht.html**, zuletzt aufgerufen am 27.08.2017.

ZU HOHENLOHE, Stephan zu (2016): Multikopter – Drohnen: Mit dem richtigen Modell fliegen, filmen und fotografieren wie ein Profi. München: GeraMond Verlag GmbH.

Gesetze und Verordnungen

Anlage zur Kostenverordnung der Luftfahrtverwaltung (LuftKostV) vom 14. Februar 1984 (BGBl. I S. 346), die durch Artikel 3 der Verordnung vom 30. März 2017 (BGBl. I S. 683) geändert worden ist

Abkommen über die Internationale Zivilluftfahrt (CA – Chicagoer Abkommen) vom 7. Dezember 1944 (BGBl. 1956 II S. 411) zuletzt geändert durch Protokoll vom 10. Mai 1984 (BGBl. 1996 II S. 210, 1999 II S. 307) (Übersetzung).

FlUUG – Flugunfall-Untersuchungs-Gesetz vom 26. August 1998 (BGBl. I S. 2470), das durch Artikel 5 Absatz 9 des Gesetzes vom 10. März 2017 (BGBl. I S. 410) geändert worden ist.

Kostenverordnung der Luftfahrt-Verwaltung (LuftKostV) vom 14. Februar 1984 (BGBl. I S. 346), die durch Artikel 3 der Verordnung vom 30. März 2017 (BGBl. I S. 683) geändert worden ist.

Luftsicherheitsgesetz (LuftSiG) vom 11. Januar 2005 (BGBl. I S. 78), das zuletzt durch Artikel 582 der Verordnung vom 31. August 2015 (BGBl. I S. 1474) geändert worden ist.

Luftverkehrs-Ordnung (LuftVO) vom 29. Oktober 2015 (BGBl. I S. 1894), die zuletzt durch Artikel 2 der Verordnung vom 11. Juni 2017 (BGBl. I S. 1617) geändert worden ist. Sowie Vorgängerversionen (a.F.).

Luftverkehrsgesetz (LuftVG) in der Fassung der Bekanntmachung vom 10. Mai 2007 (BGBl. I S. 698), das zuletzt durch Artikel 2 Absatz 11 des Gesetzes vom 20. Juli 2017 (BGBl. I S. 2808) geändert worden ist. Sowie Vorgängerversionen.

Luftverkehrs-Zulassungs-Ordnung (LuftVZO) vom 19. Juni 1964 (BGBl. I S. 370), die zuletzt durch Artikel 1 der Verordnung vom 30. März 2017 (BGBl. I S. 683) geändert worden ist

Gesetz über Kosten in Angelegenheiten der Justizverwaltung (JVKostG – Justizverwaltungskostengesetz) Anlage (zu § 4 Absatz 1) Justizverwaltungskostengesetz vom 23. Juli 2013 (BGBl. I S. 2586, 2655), das zuletzt durch Artikel 15 Absatz 7 des Gesetzes vom 21. November 2016 (BGBl. I S. 2591) geändert worden ist.

Grundgesetz (GG) für die Bundesrepublik Deutschland in der im Bundesgesetzblatt Teil III, Gliederungsnummer 100- 1, veröffentlichten bereinigten Fassung, das durch Artikel 1 des Gesetzes vom 13. Juli 2017 (BGBl. I S. 2347) geändert worden ist.

Bürgerliches Gesetzbuch (BGB) in der Fassung der Bekanntmachung vom 2. Januar 2002 (BGBl. I S. 42, 2909; 2003 I S. 738), das zuletzt durch Artikel 3 des Gesetzes vom 24. Mai 2016 (BGBl. I S. 1190) geändert worden ist.

Niedersächsisches Gesetz über das Halten von Hunden (NHundG) Vom 26. Mai 2011 (Nds. GVBl. S. 130, 184 – VORIS 21011 –)

Urheberrechtsgesetz vom 9. September 1965 (BGBl. I S. 1273), das zuletzt durch Artikel 7 des Gesetzes vom 4. April 2016 (BGBl. I S. 558) geändert worden ist.

Gesetz betreffend das Urheberrecht an Werken der bildenden Künste und der Photographie in der im Bundesgesetzblatt Teil III, Gliederungsnummer 440-3, veröffentlichten bereinigten Fassung, das zuletzt durch Artikel 3 § 31 des Gesetzes vom 16. Februar 2001 (BGBl. I S. 266) geändert worden ist.

SERA Durchführungsverordnung (EU) No 923/2012

Nachrichten für Luftfahrer (Verwaltungsrichtlinien)

NfL 76/08: Grundsätze des Bundes und der Länder für die Erteilung der Erlaubnis zum Aufstieg von Flugmodellen gemäß § 16 LuftVO (jetzt § 20 LuftVO, Anm. d. Autors) vom 13.03.2008.

NfL I-281/13: Gemeinsame Grundsätze des Bundes und der Länder für die Erteilung der Erlaubnis zum Aufstieg von unbemannten Luftfahrtsystemen gemäß § 16 Absatz 1 Nummer 7 Luftverkehrs-Ordnung (LuftVO) vom 26.12.2013

NfL 1-466-15: Bekanntmachung über die Erteilung von Flugverkehrskontrollfreigaben zur Durchführung von Flügen mit Flugmodellen und unbemannten Luftfahrtsystemen innerhalb von Kontrollzonen der Flugplätze Dortmund, Frankfurt-Hahn, Karlsruhe/ Baden-Baden, Lahr, Magdeburg-Cochstedt, Memmingen, Mönchengladbach, Niederrhein und Paderborn-Lippstadt vom 27.05.2015.

NfL 1-577-15: Bekanntmachung über die Erteilung von Flugverkehrskontrollfreigaben zur Durchführung von Flügen mit Flugmodellen und unbemannten Luftfahrtsystemen innerhalb von Kontrollzonen der Flugplätze Augsburg, Heringsdorf, Lübeck, Oberpfaffenhofen, Friedrichshafen, Parchim, Hof/ Plauen, Braunschweig/ Wolfsburg und Kassel/ Calden vom 22.10.2015.

NfL 1-681-16: Allgemeinverfügung zur Erteilung von Flugverkehrskontrollfreigaben zur Durchführung von Flügen mit Flugmodellen und unbemannten Luftfahrtsystemen in Kontrollzonen von Flugplätzen nach § 27d Abs. 1 LuftVG an den internationalen Verkehrsflughäfen mit DFS-Flugplatzkontrolle vom 23.02.2016.

NfL 1-786-16: Neufassung der Gemeinsamen Grundsätze des Bundes und der Länder für die Erteilung der Erlaubnis zum Aufstieg von unbemannten Luftfahrtsystemen gemäß § 20 Absatz 1 Nummer 7 Luftverkehrs- Ordnung (LuftVO) vom 20.07.2016

NfL 1-1023-17: Allgemeinverfügung zur Erteilung von Flugverkehrskontrollfreigaben zur Durchführung von Flügen mit Flugmodellen und unbemannten Luftfahrtsystemen in Kontrollzonen von Flugplätzen nach § 27d Abs. 1 LuftVG an den internationalen Verkehrsflughäfen mit DFS-Flugplatzkontrolle vom 12.05.2017.

NfL 1-1163-17: Gemeinsame Grundsätze des Bundes und der Länder für die Erteilung von Erlaubnissen und Zulassungen von Ausnahmen zum Betrieb von unbemannten Fluggeräten gemäß § 21a und § 21b Luftverkehrs-Ordnung (LuftVO) vom 27.10.2017.

Endnoten

1 vgl. BIERMANN; WIEGOLD (2015), S. 26
2 vgl. BIERMANN; WIEGOLD (2015), S. 16 f. · vgl. auch LANGE (2003), S. 18
3 KÜHL (2014), vgl. auch FELLING; TOFAHRN (2014), S. 5
4 vgl. SOKOLOV (2016)
5 vgl. FRIEDRICHS; WITZENBURG (2016)
6 vgl. SAFEDRONE (2017)
7 ZU HOHENLOHE (2016), S. 5, vgl. auch BIERMANN; WIEGOLD (2015), S. 87
8 vgl. BIERMANN; WIEGOLD (2015), S. 87, vgl. auch KÜCKELHAUS (2014), S. 6
9 PARROT (2017)
10 DHL (2017)
11 vgl. BAZL-RPAS WORKING GROUP (2016), S. 5, 8 f.
12 vgl. KORNMEIER (2012), S. 13, vgl. auch WEIBEL (2005), S. 38 ff, 42 ff.
13 vgl. KORNMEIER (2012), S. 13, vgl. auch MUHREN (2008), S. 132
14 vgl. KORNMEIER (2012), S. 13, vgl. auch LANGE (2003), S. 11
15 vgl. ebd.
16 vgl. KORNMEIER (2012), S. 13, vgl. auch LANGE (2003), S. 10
17 vgl. ebd.
18 vgl. LANGE (2003), S. 10, vgl. auch WEIBEL (2005), S. 39 f.
19 vgl. NfL 1-786-16, S. 1, vgl. auch § 19 Abs. 3 1. LuftVO
20 vgl. KORNMEIER (2012), S. 12
21 vgl. NfL 1-786-16, S. 9 (III. 6.), vgl. auch ZU HOHENLOHE (2016), S. 16
22 vgl. FELLING; TOFAHRN (2014), S. 11 f.
23 vgl. BMVI (2017), S. 32 f.
24 vgl. BECK (2016), S. 108 f, vgl. auch ZU HOHENLOHE (2016), S. 10, 148 ff.
25 vgl. KORNMEIER (2012), S. 43 f.
26 vgl. ebd., vgl. auch ICAO (2016)
27 vgl. der ursprüngliche Art. 3 CA von 1944; vgl. KORNMEIER (2016), S. 43
28 Art. 8 CA
29 SIMONS (2015), S. 3
30 vgl. BRAHMS; MASLATON (2016), S. 4
31 vgl. KORNMEIER (2012), S. 48, vgl. auch FELLING (2008), S. 53 ff.
32 vgl. NfL 1-786-16 1
33 vgl. FELLING (2008), S. 136, 56 f, vgl. auch FELLING; TOFAHRN (2014), S. 10
34 Reuters/dpa (2016)
35 vgl. DJI (2016a)
36 vgl. DJI (2016b)
37 vgl. ZU HOHENLOHE (2016), S. 5, 17
38 vgl. DJI (2013), S. 2, vgl. auch MAC (2016)
39 vgl. ZU HOHENLOHE (2016), S. 17, vgl. auch BIERMANN; WIEGOLD (2015), S. 87
40 vgl. ZU HOHENLOHE (2016), S. 58-62

41 vgl. DJI (2016c), S.2-9, vgl. auch ZU HOHENLOHE (2016), S. 76-84
42 vgl. ZU HOHENLOHE (2015), S. 30 ff, vgl. auch ZU HOHENLOHE (2016), S. 58-62
43 vgl. DJI (2015), S. 18 ff.
44 vgl. ZU HOHENLOHE; LULIC; FELLING (2015): S. 80-82
45 vgl. YUNEEC (2016a); vgl. auch ZU HOHENLOHE; LULIC; FELLING (2015), S. 88
46 vgl. PARROT (2016)
47 vgl. DJI (2016d), vgl. auch DJI (2016e), vgl. auch YUNEEC (2016b)
48 vgl. DJI (2016f)
49 vgl. ZU HOHENLOHE; LULIC; FELLING (2015): S. 92
50 vgl. DJI (2016g), S. 8
51 YUNEEC (2016a)
52 ZU HOHENLOHE; LULIC; FELLING (2015), S. 92
53 vgl. BRUNNER (o.J.)
54 vgl. SAFEDRONE (2017)
55 vgl. § 13 Abs. 1 LuftVO
56 vgl. § 13 Abs. 2 LuftVO
57 vgl. § 4 LuftVG
58 vgl. § 21f LuftVO, vgl. auch BUNDESRAT (2017), S. 31
59 vgl. BUNDESRAT (2017), S. 31
60 vgl. § 29a LuftVG
61 vgl. § 30 LuftVG
62 vgl. BUNDESRAT (2017), S. 20
63 vgl. BMVI (2016b), S. 25
64 vgl. NfL 1-786-16 S. 9
65 vgl. § 29 LuftVG
66 vgl. GROẞ (2015), S. 278
67 § 1 Abs. 1 LuftVG
68 §40 LuftVO, SERA.5001, 5005
69 vgl. § 21b Abs. 1 Nr. 8 LuftVO
70 SERA.5001, 5005
71 SERA.5001, 5005
72 § 21 Abs. 1 LuftVO
73 NfL 1-1023-17, SERA.5001, 5005
74 SERA 3215
75 NfL 1-1023-17
76 NfL 1-1023-17
77 AIC 17 APR 14
78 § 16 LuftVO, SERA.6005
79 §§ 22, 23 LuftVO, NfL 1-635-15
80 vgl. AIP SUP VFR 11/16 vom 14.04.2016
81 vgl. § 1 Abs. 2 Satz 2 LuftVG i. V. m. § 20 Abs. 1 Nummer 7 LuftVO
82 § 1 Absatz 2 Satz 3 LuftVG
83 vgl. § 1 Abs. 2 Satz 2 LuftVG

84   vgl. DMFV (2015)

85   vgl. DMFV (2014b)

86   vgl. DMFV (2014a)

87   vgl. DMFV (2014c)

88   vgl. DJI (2016e)

89   vgl. o. A. (kperkins1982) (2016)

90   BAZL-RPAS WORKING GROUP (2016), S. 28

91   BAZL-RPAS WORKING GROUP (2016), S. 28

92   vgl. § 20 Abs. 1 Nummer 1d) LuftVO

93   vgl. § 21 Abs. 1 Nummer 2. und § 21a Abs. 1 LuftVO

94   vgl. § 21a Abs. 1 Nummer 4 LuftVO

95   Artikel 2 Nr. 97 der Durchführungsverordnung (EU) Nr. 923/2012

96   § 21a Abs. 3 i.V.m. § 20 Abs. 5 LuftVO

97   Grundsatz eines Verwaltungsaktes gem. Verwaltungsverfahrensgesetz (VwVfG)

98   vgl. NLSTBV (2017)

99   vgl. § 21b Abs. 2 LuftVO

100 vgl. NfL 1-786-16 2.1.4.

101 vgl. Allgemeinverfügung Baden-Württemberg (**online unter https://rp.baden-wu-erttemberg.de/rps/PresseAnhang/160816_Allgemeinverfuegung_UAS_FAQ.pdf**)

102 vgl. NfL 1-786-16 2.1.2.

103 vgl. GDV (2016), S. 4, vgl. auch BECK (2016), S. 126 f., vgl. auch ZU HOHEN-LOHE (2016), S. 119

104 vgl. GDV (2016), S. 4, vgl. auch BECK (2016), S. 126 f., vgl. auch ZU HOHEN-LOHE (2016), S. 119

105 eigene Auswertung, vgl. auch BECK (2016), S. 126 f.

106 vgl. NfL 1-786-16

107 Auswertung der LLBs aus dem Jahr 2016

108 vgl. § 21a Abs. 4 LuftVO

109 vgl. § 21a Abs. 4 Satz 2 LuftVO

110 § 21a Abs. 4 Satz 3 LuftVO

111 BUNDESRAT (2017), S. 22

112 vgl. BUNDESRAT (2017), S. 29, vgl. § 21d Abs. 1 LuftVO

113 BUNDESRAT (2017), S. 29

114 § 21d Abs. 2 Satz 2 LuftVO (neu)

115 vgl. § 21d Abs. 3 Satz 1 LuftVO (neu)

116 vgl. BUNDESRAT (2017), S. 29

117 vgl. BUNDESRAT (2017), S. 29

118 BUNDESRAT (2017), S. 31

119 vgl. § 21e Abs. 1 Satz 2 LuftVO (neu) und § 6 BeauftrV

120 vgl. § 21e Abs. 2 LuftVO

121 vgl. NfL 1-786-16 2.1.2

122 vgl. Antragsformular Niedersachsen

123 vgl. § 21b Abs. 1 Nr. 9 LuftVO

124 vgl. NfL 1-786-16

125 vgl. NfL 1-786-16 i.V.m. NLSTBV (2017)

126 vgl. Art. 2 Nr. 97 der Durchführungsverordnung (EU) Nr. 923/2012

127 vgl. NfL 1-786-16

128 vgl. NfL 1-786-16 2.1.4

129 Dies begründet sich in Abschnitt VI Ziffer 16 a i. V. M. § 2 Absatz 2 LuftkostV

130 vgl. NfL 1-786-16

131 vgl. NfL 1-786-16

132 vgl. NfL 1-786-16

133 BMVI (2016b), S. 24

134 § 21b Abs. 1 Satz 2 LuftVO

135 vgl. BECK (2017a)

136 vgl. GIEMULLA in: GIEMULLA/SCHMID (1996/2016) LuftVO/AL 43/November 2013, S. 7

137 vgl. BUNDESRAT (2017), S. 27 f., vgl. auch ZU HOHENLOHE (2016), S. 139, vgl. auch BECK (2017), S. 107 f.

138 § 21b Abs. 1 Satz 3 f. LuftVO

139 BUNDESRAT (2017), S. 28

140 ebd., vgl. auch FELLING; TOFAHRN (2014), S. 11 f.

141 BUNDESRAT (2017), S. 23

142 vgl. BUNDESRAT (2017), S. 23

143 BUNDESRAT (2017), S. 23

144 vgl. ebd., S. 28 f.

145 vgl. DPA (2015c)

146 vgl. NfL 1-786-16 Musterbescheid I. Umfang der Erlaubnis

147 § 21b Abs. 1 2. LuftVO

148 BUNDESRAT (2017), S. 24

149 vgl. auch BMVI (2016b), S. 25

150 BMVI (2016b), S. 25

151 vgl. BMVI (2016b), S. 25

152 vgl. BECK (2016), S. 114

153 BMVI (2016b), S. 25

154 vgl. MAEHNER (2016)

155 vgl. auch BMVI (2016b), S. 26

156 RITT (2009), S. 19 ff.

157 vgl. ebd.

158 vgl. auch BMVI (2016b), S. 26

159 DAEC (2016), S. 2

160 BUNDESRAT (2017), S. 26

161 vgl. BUNDESRAT (2017), S. 26

162 vgl. § 21b Abs. 1 9. LuftVO, auch vgl. BMVI (2016b),

163 vgl. BMVI (2016b), S. 28 f.

164 vgl. BMVI (2016b), S. 29

165 vgl. SCHILLER (2016), S. 18
166 vgl. § 21b Abs. 2 und 3 LuftVO
167 vgl. NLSTBV (2017)
168 vgl. NfL 1-786-16 und NLSTBV (2017) und andere LLBs
169 vgl. NLSTBV (2017)
170 vgl. NLSTBV (2017)
171 vgl. EASA (2015), S. 26, vgl. auch NLSTBV (2017)
172 vgl. SCHILLER (2016), S. 18
173 vgl. EASA (2015), S. 14
174 vgl. NLSTBV (2017)
175 vgl. LBA (2017), S. 1
176 vgl. LBA (2017) S. 3
177 komplett entnommen und um Fragen ergänzt, LBA (2017), S. 4 f.
178 vgl. LBA (2017) S. 3, 5
179 vgl. NfL 1-786-16 III. Nebenbestimmungen, auch Muster NI
180 vgl. NfL 1-786-16 S. 9 III. Nebenbestimmungen, auch Muster NI und HB
181 vgl. NfL 1-786-16 S. 10 III. Nebenbestimmungen, auch Muster NI und HB
182 vgl. NfL 1-786-16 S. 10 III. Nebenbestimmungen
183 vgl. vgl. NfL 1-786-16 S. 10 III. Nebenbestimmungen
184 vgl. NfL 1-786-16 S. 10 III. Nebenbestimmungen
185 vgl. NfL 1-786-16 S. 10 III. Nebenbestimmungen i.V.m. Bescheid NLSTBV
186 vgl. NfL 1-786-16 S. 10 III. Nebenbestimmungen, auch Muster NI und HB
187 vgl. § 29 LuftVG, Gefahrenabwehrrecht der Länder
188 vgl. NfL 1-786-16 S. 11 III. Nebenbestimmungen, auch Muster NI
189 vgl. NfL 1-786-16 S. 10 III. Nebenbestimmungen, auch Muster NI
190 vgl. NfL 1-786-16 S. 10 III. Nebenbestimmungen, auch Muster NI
191 vgl. NfL 1-786-16 S. 10 III. Nebenbestimmungen und Hinweise, auch Muster NI
192 vgl. NfL 281 I 13 S. 12 Nebenbestimmungen und Hinweise
193 vgl. SPIEGEL (2016)
194 § 59 Abs. 1 Urheberrechtsgesetz
195 vgl. SOLMECKE (2017)
196 vgl. SOLMECKE (2017)
197 vgl. FELLING; TOFAHRN (2014), S. 12 f.
198 § 22 Satz 1 + 2 KunstUrhG
199 vgl. TÖLLE (2010)
200 vgl. TÖLLE (2010)
201 vgl. SOLMECKE (2017)
202 vgl. FELLING; TOFAHRN (2014), S. 13
203 vgl. FELLING; TOFAHRN (2014), S. 12
204 vgl. REGENFUS (2011), S. 14
205 vgl. KORNMEIER (2011), S. 100, vgl. auch FELLING; TOFAHRN (2014), S. 12
206 REGENFUS (2011), S. 15
207 vgl. REGENFUS (2011), S. 15

208 vgl. ebd., S. 17

209 REGENFUS (2011), S. 18 f.

210 vgl. KORNMEIER (2011), S. 98 ff.

211 vgl. KASSERA (2016), S. 145 f.

212 vgl. KASSERA (2016), S. 146

213 vgl. KASSERA (2016), S. 155 f.

214 vgl. KASSERA (2016), S. 155 ff.

215 vgl. PFEFFER (o.J.)

216 vgl. KASSERA (2016), S. 153, 183 ff.

217 vgl. KASSERA (2016), S. 183 ff.

218 vgl. ESYS (o.J.), vgl. auch KASSERA (2016,) S. 183 f.

219 vgl. KASSERA (2016), S. 184 f.

220 vgl. FLIEGERCLUB EICHSTÄTT e.V. (2017)

221 vgl. KASSERA (2016), S. 158 ff., PFEFFER (o.J.)

222 KASSERA (2016), S. 162

223 vgl. KASSERA (2016), S. 162

224 vgl. KASSERA (2016), S. 163 ff.

225 vgl. KASSERA (2016), S. 164 ff.

226 weitestgehend entnommen, ergänzt oder gekürzt aus DWD (1990)

227 vgl. KASSERA (2016), S. 173 ff.

228 vgl. **www.ehelis.de/diverses/faq/206-lipo-akkus-umgang-und-pflege**

229 vgl. FLIEGERCLUB EICHSTÄTT e.V. (2017)

230 vgl. FISCHER (o.J.), vgl. auch GROß (2015), S. 138 f.

231 vgl. SAFEDRONE (2017), vgl. auch Groß (2015) S. 134 f.

232 vgl. SAFEDRONE (2017), vgl. auch Groß (2015) S. 134 f.

233 vgl. GROß (2015), S. 136f, vgl. auch KASSERA (2016) S. 19

234 vgl. SAFEDRONE (2017), vgl. auch GROß (2015), S. 136 f., vgl. auch KASSERA (2016) S. 19

235 vgl. HELIFLIGHT (2017)

236 vgl. HELIWELT (o.J.)

237 vgl. GROß (2015), S. 89 f.

238 vgl. § 55 Ordnungswidrigkeitengesetz; § 163a Strafprozessordnung

239 vgl. A-NPA (2015)

240 vgl. EASA (2015) 3.1

241 vgl. EASA (2015) 3.1

242 vgl. EASA (2015) 3.1

243 vgl. EASA (2015) 3.2, ergänzt durch GIEMULLA (2016c)

244 vgl. JARUS (2016), S. 22-30

245 vgl. JARUS (2016), S. 30

246 vgl. EASA (2015) 3.2, ergänzt durch GIEMULLA (2016c)

247 vgl. A-NPA 2015-10 3.2, ergänzt durch GIEMULLA (2016c)

248 nach KASSERA 2016